AF591707

1878

Dr Lucien GUILLEMAUT.

NOMENCLATURE

DES

PLANTES

DE LA BRESSE LOUHANNAISE

AVEC L'INDICATION SOMMAIRE

de

LEURS PRINCIPALES PROPRIÉTÉS ET LEURS USAGES

LOUHANS

IMPRIMERIE AUGUSTE ROMAND

A monsieur Chateau
de la part de l'auteur
très cordialement
L. Guillemard

NOMENCLATURE

DES PLANTES

OBSERVÉES AUX ENVIRONS DE LOUHANS

NOMENCLATURE

DES PLANTES

OBSERVÉES AUX ENVIRONS DE LOUHANS

Y CROISSANT SPONTANÉMENT OU TRÈS RÉPANDUES

DANS LES JARDINS OU CULTURES

AVEC L'INDICATION SOMMAIRE

de

LEURS PRINCIPALES PROPRIÉTÉS ET LEURS USAGES

LOUHANS

IMPRIMERIE AUGUSTE ROMAND

Rue des Dodanes. 1878

PRÉFACE

Faire l'énumération méthodique des plantes qu'on observe aux environs de Louhans, tel est le but que nous nous sommes proposé.

Chaque pays, chaque région, nous pourrions dire chaque village ou plutôt chaque subdivision géologique a sa flore. Les espèces végétales qui se comptent par milliers et qu'un de nos plus éminents botanistes évalue à près de cent mille espèces connues pour la surface du globe, se répartissent par régions, et les principales familles végétales ne comptent dans une région déterminée qu'un nombre restreint de sujets. Les plantes que nous connaissons aux environs de Louhans ne s'élèvent guère qu'à 7 ou 800. En faire le catalogue raisonné, indiquer à l'amateur, à l'étudiant, à l'herboriste toutes les plantes qu'ils peuvent rencontrer ici, c'est leur rendre plus accessible l'étude de la botanique, c'est leur mettre à la main un flambeau qui les éclairera dans leurs recherches. La détermination des plantes sera pour eux plus facile, leurs appréciations moins sujettes à l'erreur et leurs herborisations rendues ainsi plus fructueuses.

Nous avons cru devoir éliminer tous les détails botaniques, caractères des plantes, que l'on trouve décrits dans toutes les flores; mais il nous a été impossible de ne pas employer pour cette nomenclature la dénomination latine qui est la seule scientifiquement adoptée. Au nom latin avec sa synonimie, nous avons joint les noms français et les diverses dénominations vulgaires. Une pure nomenclature aurait été bien aride; aussi nous avons tenu à signaler les principales propriétés de nos plantes et leurs usages vulgaires dans le pays, mais insistant surtout sur leurs propriétés réelles et donnant sur le plus grand nombre d'entre elles un résumé succinct de connaissances précises qui seront pour nos lecteurs des renseignements positifs.

On s'étonnera peut-être que nous ne nous soyons point bornés à l'énumération des plantes qui croissent spontanément ici. Nous avons tenu à rendre notre étude aussi complète que possible ; aussi nous avons cru devoir joindre aux plantes spontanées les plantes les plus répandues que l'on cultive dans nos champs, nos prairies, nos jardins potagers et quelques espèces très communes qui décorent nos jardins d'agrément. Souvent d'ailleurs, certaines d'entre elles s'échappent pour reparaître çà et là à l'état subspontané ; et comment, après avoir énuméré des végétaux souvent fort insignifiants, ne point signaler, à leur place et dans le cadre qui convient, les plantes qu'on a à chaque instant sous la main. Tout entraîne à le faire, et en même temps qu'on donne sur chacune d'entre elles l'aperçu le plus élémentaire, on l'a ensuite rattachée au groupe naturel d'où elle émane.

Nous avons suivi l'ordre généralement adopté, celui des familles naturelles, et nous croyons notre nomenclature complète pour ce qui concerne la partie de notre arrondissement dont Louhans est le centre. Nous avons fouillé l'herbier de M. Moniez, ce maître habile et dévoué, le doyen du professorat Louhannais, et grâce à son concours éclairé, indispensable pour nous, nous avons pu mener à fin une œuvre qui, en même temps qu'elle pourra vulgariser des connaissances utiles, rendra la botanique plus accessible à beaucoup d'élèves de nos écoles et à tous ceux qui voudront commencer ici à cultiver une science que trop de personnes jugent inabordable.

Dr LUCIEN GUILLEMAUT.

NOMENCLATURE DES PLANTES

OBSERVÉES AUX ENVIRONS DE LOUHANS

DICOTYLEDONES

1re FAMILLE. — RENONCULACÉES.

Clematis vitalba. L. *(Clématite vigne blanche, Clématite commune, Clématite des haies, Vigne blanche ou de Salomon, Berceau de la vierge, Viorne.)*

Abondante dans les haies.

On l'appelle encore *Herbe aux gueux*, parce qu'elle sert aux mendiants pour se faire des plaies, des ulcères et exciter la commisération. Ses feuilles fraîches et pilées appliquées sur la peau sont vésicantes. On les emploie encore parfois contre les cancers.

Thalictrum flavum. L. *(Pigamon jaune, Pigamon commun, Rue des prés, Rhubarbe des pauvres.)*

Lieux humides, haies des prés marécageux.

Sa racine, jaune intérieurement, est purgative.

Anemone nemorosa. L. *(Anèmone des bois, Sylvie, Renoncule des bois, Bassinet blanc ou purpurin.)*

Plante élégante, très-commune dans les bois, buissons.

Douée d'une excessive âcreté, elle est un poison pour les bestiaux qui périssent dans les convulsions en urinant le sang (*herba sanguinaria.*)

Appliquée sur la peau, elle est rubéfiante comme la moutarde; usitée parfois dans les maladies arthritiques.

On dit qu'appliquée en cataplasme sur la tête, elle guérit promptement la teigne.

On cultive comme ornement dans les jardins plusieurs espèces d'anémones, mais surtout l'Anemone coronaria L. (*Anemone couronne des fleuristes,*) soit à fleurs simples, soit à fleurs devenues doubles par la culture.

Adonis autumnalis. L. *Adonis-d'automne.*

Seulement dans les jardins, cultivée sous le nom de *goutte de sang.*

Myosorus minimus. L. (*Ratoncule, Queue de rat.*)

Ranunculus aquatilis. L. (*Renoncule aquatique, Mille-feuille aquatique.*)

Fossés, mares, eaux tranquilles.

C'est une renoncule à fleurs blanches, ainsi que l'espèce suivante qui s'en rapproche beaucoup.

Ranunculus trichophyllus. Chaix. (*Renoncule à feuilles comme les cheveux, à feuilles capilloires.*)

Ranunculus flammula. L. (*Renoucule flammette, petite Douve.*)

A fleurs jaunes, ainsi que les espèces qui suivent.

Très-âcre; les gens de campagne emploient ses feuilles fraîches et pilées sur la peau pour faire vésicatoire.

Ranunculus acris. L. (*Renoncule âcre, Renoncule des prés, Bouton d'or.*)

Très-commune, émaille les prairies où, quand elle domine trop, elle annonce l'épuisement du sol.

Rubéfiante, vésicante.

Ranunculus nemorosus. Dc, ou sylvaticus. Thuil. *(Renoncule des bois.)*

Bois, prés couverts. Très-âcre aussi.

Ranunculus bulbosus. L. *(Renoncule bulbeuse, Rave de Saint-Antoine.)*

Une variété à fleurs doubles est cultivée comme ***Bouton d'or*** dans les jardins.

Ranunculus repens. L. *(Renoncule rampante, Pied de poule.)*

Cultivée aussi sous le nom de ***Bouton d'or.***

Ranunculus hederaceus. L. *(Renoncule à feuilles de lierre.)*

Ranunculus auricomus. L. *(Renoncule tête d'or.)*

Lieux humides; une des plus précoces.

Peu âcre; la plupart des animaux peuvent la manger.

Ranunculus phinolotis. Ehrh. *(Renoncule des mares.)*

Bord des mares et fossés, terrains humides.

Ranunculus sceleratus. L. *(Renoncule scélérate, Herbe sardonique, Herbe de feu, Mort aux vaches.)*

Endroits sales, fangeux, fossés, mares, marécages.

Très âcre, vénéneuse surtout à l'état frais, dangereuse aux animaux qui la broutent.

Ranunculus arvensis. L. *(Renoncule des champs.)*

Champs, moissons, parfois en grande quantité. Mauvaise plante qu'il faut arracher de bonne heure.

Ficaria ranunculoïdes. Mœnch. *(Ficaire, Fausse renoncule, Renoncule ficaire, petite Chélidoine, Herbe aux hémorrhoïdes.)*

Très-commune dans les buissons, lieux humides.

Bien moins âcre que les renoncules dont elle se rapproche beaucoup ; on l'a employée écrasée contre les hémorrhagies.

Caltha palustris. L. (*Populage des marais, Souci des marais.*)

Prés marécageux, inondés, bord des étangs, des ruisseaux.

Belle fleur, très âcre ; ressemble aussi aux renoncules. Elle nuit dans les prés, dédaignée des bestiaux, vénéneuse.

Helleborus niger. L. (*Hellebore noir.*)

Seulement à l'état cultivé dans les jardins. C'est là *Rose de Noël.*

Employée en médecine vétérinaire pour établir des exutoires surtout chez les ruminants.

Helleborus viridis. L. (*Hellebore vert ou à fleurs vertes.*)

Cultivé. — Jardins.

Les gens de campagne l'emploient ici plutôt encore que le noir dans la médecine du bétail, mais il est moins actif.

Nigella damascena. L. (*Nigelle de Damas, Cheveux de Vénus, Patte d'araignée, Barbe-de capucin.*)

Ne se trouve aussi que dans les jardins. — Cultivée comme plante d'ornement.

Aquilegia vulgaris. L. (*Ancolie commune, Aiglantine, bonne femme, Gants de notre dame, Gants de bergère.*)

Lieux ombragés, bois.

Variétés doubles cultivées dans les jardins.

Delphinium Ajacis. L. (*Dauphinelle d'Ajax,* cultivée aussi sous le nom de *Pied d'alouette des jardins.*)

Trouvée ici comme plante spontanée, mais vraisemblablement sortie des jardins.

Aconitum Napellus. L. (*Aconit Napel, Capuchon, Capuche de moine.*)

Très-belle fleur cultivée comme ornement dans les jardins où on l'appelle aussi parfois *char de Vénus.*

Très vénéneuse. Employée en médecine à petite dose, surtout sous forme d'alcoolature dans les affections rhumatismales, etc.

Pœonia. L. (*Pivoine.*)

Plusieurs variétés cultivées dans les jardins.

Employée jadis pour faire cicatriser les plaies, pour guérir la morsure des serpents venimeux, conjurer le mal caduc, les accès de folie; inusitée aujourd'hui.

2e FAMILLE. — BERBERIDÉES.

Berberis vulgaris. L. (*Vinettier commun, Epine-vinette.*

On le trouve ici dans quelques buissons au voisinage des jardins.

On peut faire avec ses baies des sirops, des gelées, des confitures, ainsi qu'un petit vin rafraichissant qu'on conseille dans les fièvres.

3e FAMILLE. — NYMPHÉACÉES.

Nymphea alba. L. (*Nénuphar blanc* ou *Lis des Marais.*)

Etangs, mares, eaux tranquilles.

On l'accuse de détruire l'aptitude aux plaisirs de l'amour. On le donnait autrefois, dit-on, aux cénobites. Mais cette vertu anaphrodisiaque du nénuphar est loin d'être établie.

Nuphar luteum. Smith. Nymphea lutea. L. (*Nénuphar jaune.*)

Plus répandu que le blanc, plus commun dans nos rivières.

4e FAMILLE. — PAPAVÉRACÉES.

Papaver argemone. L. (*Pavot argémone.*)

Champs, terrains légers, sablonneux.

Papaver Rhœas. L. (*Pavot coquelicot, Coquelicot, Ponceau.*)

Champs cultivés, moissons, jardins.

Ses fleurs sont employées en infusions comme adoucissantes, pectorales, un peu calmantes; font partie de *quatre fleurs pectorales.*

Papaver dubium. L. (*Pavot douteux.*)

Champs, moissons; bien moins répandu que le précédent.

Papaver somniferum. L. (*Pavot somnifère, Pavot des jardins.*)

Seulement dans les jardins où plusieurs variétés sont cultivées.

Chelidonium majus. L. (*Grande Chélidoine, Chélidoine grande Eclaire, Eclaire, herbe à l'hirondelle, herbe aux verrues.*)

Haies, vieux murs.

La chélidoine se distingue de toutes nos plantes par son suc jaune orangé.

Ce suc est d'un usage vulgaire, en application sur les verrues ou les végétations pour les faire tomber.

Il est très employé aussi, mélangé d'eau, de miel ou d'une décoction de plantes plus douces, contre les maladies des yeux, les taches, pipes.

5e FAMILLE. — FUMARIÉES.

Fumaria officinalis. L. (*Fumeture officinale, Fumée de terre; Fiel de terre.*)

Champs, jardins.

Tonique, dépurative ; assez usitée dans les maladies de la peau, les dartres, les écrouelles ; on donne son suc à dose de 2 à 6 onces par jour, remède d'une grande réputation populaire. On le donne aussi dans la jaunisse.

Fumaria capreolata. L. (*Fumeture grimpante.*)

Champs, haies, buissons. Assez rare.

Corydalis. Dc. (*Corydale.*)

Ne croît pas spontanément ici.

Quelques corydalis sont cultivés dans les jardins comme plante d'ornement.

6e FAMILLE. — CRUCIFÈRES.

Raphanus raphanistrum. L. (*Radis sauvage, Ravenelle des champs.*)

Très-abondant, bord des champs, chemins, moissons, jardins.

Raphanus sativus. L. (*Raifort* ou *radis cultivé.*)

Comprend deux espèces distinctes, plantes à racine alimentaire bien connues :

Le *Radis*, Raphanus sativus radicula. Dc. et le *Raifort noir* ou *Radis noir, Raifort des parisiens.* Raphanus sativus niger. Dc.

Brassica oleracea. L. (*Chou potager, Chou.*)

Seulement à l'état cultivé ; a fourni de nombreuses races potagères.

Le chou, auquel on attribuait autrefois toutes sortes de merveilleuses propriétés, n'est guère réputé aujourd'hui que pour ses usages économiques et ses qualités alimentaires réelles surtout pour les estomacs robustes. Toutefois on recommande encore volontiers le *bouillon* et le *sirop de chou rouge* aux personnes dont la poitrine est délicate, et l'emploi topique des feuilles de chou est resté un remède populaire contre diverses affections. Appliquées chaudes sur la poitrine, elles peuvent faire disparaître les points de côté; elles conviennent aussi pour le pansement des vésicatoires, des plaies, des ulcères. En cataplasmes sur les seins, elles sont utiles contre les inflammations et engorgements qui se manifestent à la suite des couches et s'opposent à l'accumulation du lait chez les femmes qui n'allaitent pas.

Parmi ses qualités merveilleuses, on lui attribuait celles de prévenir et de dissiper l'ivresse, et de donner à l'urine des personnes qui s'en nourrissent la vertu de guérir les fistules, les dartres, les cancers...

Brassica campestris oleifera (*Chou colza, Colza.*)

Cultivé.

Brassica napus oleifera. (*Navette*), esculenta (*Navet.*)

Cultivés.

Brassica rapa. L. (*Rave*).

Cultivée.

Sinapis nigra L. (*Moutarde noire, Moutarde de graines noires.*)

On en trouve dans les champs. — N'est pas cultivée ici.

C'est la poudre de ses graines qu'on emploie pour les sinapismes.

Employée aussi pour faire la moutarde de table commune.

Sinapis alba. L. (*Moutarde blanche*).

N'existe ici que cultivée et rare.

Employée pour la préparation de la moutarde de table fine. J'en ai vu un champ à Châteaurenaud comme plante fourragère (*Herbe au beurre.*)

Sinapis cheiranthus, K. Brassica cheiranthus. Vill. (*Moutarde giroflée, Chou giroflée.*)

Champs sablonneux.

Sisymbrium alliaria. Scop; Erysimum alliaria. L. (*Sisymbre alliaire, Vélar alliaire.*)

Lieux frais, ombragés.

Sisymbrium officinale, Dc; Erysimum officinale. L. (*Sisymbre officinal, Vélar, Tartelle ou herbe aux chantres.*

Lieux incultes, bord des chemins, le long des fossés, des murs.

Ses infusions dissipent l'enrouement.

Sisymbrium thalianum. G. (*Sisymbre de Thale, Arabette de Thale.*)

Champs, moissons, bord des chemins.

Arabis sagittata. Dc; Turritis hirsuta. L. (*Arabette à feuilles sagittées, Tourette hérissée.*)

Turritis glabra. L. Arabis perfoliata, Lamk. (*Tourette glabre, Arabette perfoliée.*)

Hesperis matronalis. L. (*Julienne des dames, Julienne, Cassolette, Girarde ou Gérarde.*)

N'existe que cultivée pour ses fleurs dans les jardins d'agrément.

Cheiranthus cheiri. L. (*Giroflée Violier, Giroflée jaune.*

Seulement à l'état cultivé. C'est la giroflée des jardins, plusieurs variétés.

Barbarea vulgaris. G ; Erysimum barbarea, L. (*Barbœrée commune, Vélar ou herbe de Sainte-Barbe, herbe de Saint-Julien, Herbe aux charpentiers.*)

Lieux ombragés et humides.

Macérée dans de l'huile d'olive, elle est un baume pour les blessures

Une variété est cultivée comme ornement sous le nom de *Gérarde jaune.*

Cardamine pratensis. L. (*Cardamine des prés, Cresson des prés, Cressonnette, Bec à l'oiseau.*)

Le long des ruisseaux, prés humides.

Cardamine hirsuta. L. (*Cardamine hérissée.*)

Lieux humides et cultivés, bois, haies, bord des chemins.

Nasturtium officinale. G ; Sisymbrium nasturtium. L. (*Cresson officinal, Cresson de fontaine, Santé du corps.*)

Ruisseaux, sources.

Plante alimentaire, condiment, médicament antiscorbutique. Entre dans la composition des *jus d'herbe* avec la fumeterre, la chicorée, la laitue et souvent l'oseille.

Nasturtium ou Sisymbrium sylvestre. L. (*Cresson ou sisymbre sauvage.*)

Bord des eaux, ruisseaux.

Nasturtium ou Sisymbrium palustre. L. (*Cresson* ou *Sisymbre des marais.*)

Nasturtium ou Sisymbrium amphibium. L. (*Cresson* ou *Sisymbre amphibie.*)

Eaux, fossés, rivières.

Draba verna. L ; Erophila vulgaris. Dc. (*Drave du printemps, Erophile commune.*)

Champs, partout.

Cochlearia officinalis. L. (*Cochlearia officinal, Cranson ou Cran officinal, herbe aux cuillers, herbe au scorbut.*)

Lieux humides, jardins humides.

On peut le manger comme le cresson ; on en mâche les feuilles dans les maladies des gencives.

Très employé en médecine ; c'est le plus usité des antiscorbutiques.

Cochlearia armorica. L ; Roripa rusticana. G. (*Cochléaria de Bretagne, Raifort sauvage, grand Raifort, Moutardelle, moutarde des moines, moutarde des capucins, moutarde allemande, cran des allemands, Cranson de Bretagne.*)

Dans les jardins, cultivé pour ses racines charnues employées comme assaisonnement.

Estimé comme antiscorbutique, antigoutteux, diurétique et stimulant stomachique.

Iberis nudicaulis. L ; Teesdalia nudicaulis. G. (*Ibéride* ou *Téesdalie à tige nue.*)

Terrains sablonneux.

Lepidium sativum. L. (*Passerage cultivée, Nasitor, Cresson* [...]*ois.*)

Cultivé dans des jardins potagers, quelquefois subspontané au voisinage.

Il est irritant, il excite l'éternuement.

On peut l'employer comme assaisonnement ; on le mange parfois en salade comme le cresson.

Lepidium campestre. G ; Thlaspi campestre. L. *Passerage des champs, Tabouret des campagnes.)*

Champs, lieux incultes, bord des chemins.

Thlaspi. L. ou Capsella bursa pastoris. Mch. (*Capselle* ou *Tabouret Bourse à pasteur, Bourse à pasteur.*)

Très répandue, champs, jardins, bord des chemins.

Senebiera Coronopus. G ; Cochlearia Coronopus. L. (*Sénebière corne de cerf, Cochlearia corne de cerf, Coronope de Ruelle, Sénebière rampante.*)

Bord des chemins, fossés.

7e FAMILLE. — RÉSÉDACÉES.

Reseda luteola. L. (*Réséda jaunissant, gaude, herbe à jaunir.*)

Bord des champs et des chemins, lieux incultes.

Reseda lutea. L. (*Réséda jaune.*)

Reseda odorata. L. (*Réséda odorant.*)

Cultivé dans les jardins pour le parfum de ses fleurs.

8e FAMILLE. — VIOLACÉES.

Viola odorata. L. (*Violette odorante.*)

C'est la violette des jardins, la violette cultivée, qu'on trouve surtout dans les jardins ou dans leur voisinage.

Ses fleurs sont employées en infusions comme adoucissantes, béchiques, pectorales.

Viola scotophilla. Jord.

Espèce voisine de la violette odorante, souvent confondue avec elle.

Viola alba. Besser. (*Violette blanche*).

Cultivée. — Egalement espèce voisine ou même.

Viola hirta. L. (*Violette hérissée.*)

Haies, bois, buissons.

Viola sylvatica, Fries ou sylvestris, Lamk. (*Violette des bois, Violette sauvage.*)

Haies, bois.

Viola tricolor. L. (*Violette tricolore, Pensée sauvage, Pensée, Fleur de la Trinité.*)

Champs. moissons.

Fournit par la culture de nombreuses variétés connues sous le nom de *Pensées*.

L'herbe et les fleurs de la pensée sauvage sont employées en infusions comme dépuratives, dans le traitement des dartres, des affections rhumatismales.

9e FAMILLE. — DROSERACÉES.

Drosera rotundifolia. L. (*Rossolis à feuilles rondes, Roselle, Herbe de la goutte.*)

Prés humides, tourbeux, marécageux.

Parnassia palustris. L. (*Parnassie des marais, Fleur du Parnasse, Gazon du Parnasse.*)

Prés humides. Je l'ai rencontrée seulement du côté du Fay, de Maître-Camp. En abondance dans le Jura.

10e FAMILLE. — POLYGALÉES.

Polygala vulgaris. L. (*Polygala commun, herbe au lait.*)

Champs, bord des champs, douves, bois.

Amère, tonique, béchique. — Inusitée. — Bien mangée des bestiaux.

11e FAMILLE. — CARIOPHYLLÉES.

Cucubalus bacciferus. L. (*Cucubale porte-baies, Coulichon à baies.*)

Buissons, lieux ombragés.

Silene inflata. Sm. (*Silène à calice enflé, Silène enflé, Béhen, Cucubale Béhen.*)

Commun ; bords des chemins, champs, prés.

Silène armeria. L. (*Silène arméria.*)

Existe seulement dans les jardins où il est cultivé pour ses belles fleurs.

Gypsophila muralis. L. (*Gypsophile des murs.*)

Champs, lieux sablonneux, sur les murs.

Saponaria officinalis. L. (*Saponaire officinale, herbe à savon, savonnière.*)

Bord des fossés, lieux un peu humides, jardins.

On lui accorde des propriétés dépuratives, fondantes,

désobstruantes, sudorifiques, et on la prend en infusions dans les engorgements lymphatiques, les maladies de la peau, la jaunisse, le rhumatisme chronique et bien d'autres affections.

Cette plante, feuilles et racines, donne une décoction qui mousse comme de l'eau de savon, et qu'on emploie très-communément pour laver le linge, les étoffes, surtout les étoffes noires.

Dianthus armeria. L. (*Œillet armeria, Œillet velu.*)

Lieux arides, sablonneux, bois.

Dianthus caryophyllus. L. (*Œillet des jardins.*)

Cultivée dans les jardins. — Jolie plante d'ornement à nombreuses variétés.

Ses fleurs sont estimées cordiales, sudorifiques, toniques. On les emploie dans les fièvres malignes et les affections septiques.

On en fait un sirop, un ratafia, un vinaigre pour la toilette.

Lychnis diurna, Sibth; Lychnis sylvestris. D; Silene diurna, G. (*Lychnide diurne, Lychnide des bois, Silène diurne.*)

Lychnis vespertina. Sibth. Silene pratensis. G. Lychnis dioïca. L. (*Lychnide du soir, Silène des prés, Lychnide dioïque, Compagnon blanc.*)

Champs, lieux incultes... Ses fleurs s'ouvrent le soir.

Lychnis floscuculi. L. (*Lychnide fleur de coucou, Fleur de coucou.*)

Lychnis coronaria. Lamk. (*Lychnide coquelourde, Coquelourde des jardins.*)

Seulement dans les jardins; cultivée ainsi que d'autres lychnis.

Agrostemma Githago. L; Lychnis Githago. Lamk. (*Agrostemme Githago, Lychnide Githago, Gasse, Nielle des blés.*)

Belles fleurs. Se trouvent abondamment dans les moissons.

Ses graines, très suspectes, se mêlent à la récolte.

Sagina procumbens. L. (*Sagine couchée.*)

Spergula arvensis. L. (*Spergoute* ou *Spergule des champs.*)

Fourragère.

Holosteum umbellatum. L. Alsine umbellata. Lamk. (*Holostée en ombelle, Alsine en ombelle.*)

Commune, terrains sablonneux, bord des chemins.

Stellaria media. V. Alsina media. L. (*Stellaire moyenne, Alsine moyenne, Morgeline, Mouron blanc* ou *Mouron des petits oiseaux.*)

Assez répandue, terres cultivées, bord des fossés.

Stellaria holostea. L. (*Stellaire holostée, Stellaire des haies.*)

Très commune, haies, buissons, clairières.

Stellaria graminea. L. (*Stellaire à feuilles de graminées.*)

Stellaria aquatica. Poll; Stellaria uligiosa. Murr. (*Stellaire aquatique, Stellaire des fanges.*)

Lieux humides, bord des fossés, des mares.

12e FAMILLE. — LINÉES.

Linum usitatissimum. L. (*Lin usuel.*)

Cultivée, culture très rare ici.

Plante textile et médicinale.

Les graines et la farine de lin sont les adoucissants les plus usités en médecine, les graines pour tisane calmante et diuretique, utile dans les affections des voies urinaires, la farine pour les cataplasmes habituels.

Linum gallicum. L. (*Lin de France.*)
Champs, lieux incultes; rare.

Linum catharticum. L. (*Lin purgatif.*)
Sans usage en médecine.

Radiola linoïdes. Gmel; Linum Radiola. L. (*Radiole faux lin, Lin Radiole.*)
Lieux humides et sablonneux.

13e FAMILLE. — MALVACÉES.

Malva sylvestris. L. (*Mauve sauvage, grande Mauve.*)
Très répandue, très commune autour des habitations.

Très usitée, adoucissante; émolliente (tisanes, bains, cataplasmes.)

Les fleurs de mauve rangées parmi les *fleurs pectorales* sont très bonnes en infusions dans les maladies inflammatoires des voies respiratoires et des voies urinaires.

Les feuilles au nombre des *espèces émollientes* servent plutôt comme topiques dans les inflammations de la peau.

Malva Alcea. L. (*Mauve Alcée.*)

Malva moschata. L. (*Mauve musquée.*)
Lieux arides, prés secs, lisières des bois.

Malva rotundifolia. L. (*Mauve à feuilles rondes, petite Mauve.*)...

Très répandue, — employée aussi comme émolliente.

Althæa officinalis. L. (*Guimauve officinale.*)

Jardins, terrains un peu humides.

Mucilagineuse, émolliente, adoucissante ; très employée : à l'intérieur (tisane, pâte, sirop), à l'extérieur (cataplasmes, fomentations, injections(.

On donne sa racine desséchée en guise de hochet aux petits enfants qui la mâchonnent pendant les souffrances qui précèdent la sortie des dents.

On cultive dans les jardins l'Althaea rosea. Cav. (*Guimauve passe-rose, Rose trémière, Mauve rose, Bâton de St-Jacques.*)

On pourrait l'employer comme succédanée de la guimauve.

On cultive également comme ornement l'Hibiscus syriacus. L. (*Hibisque de Syrie, Ketmie des jardins, Mauve en arbre.*)

Ainsi que l'Hisbiscus Trionum. L. (*Hibisque en vessie.*)

14e FAMILLE. — TILIACÉES.

Tilia Europea. L. (*Tilleul d'Europe.*)

Sur les promenades. On en considère trois espèces :

Le *tilleul à petites feuilles,* (Tilia parvifolia, Ehrh.)

Le *tilleul à grandes feuilles,* (Tilia grandifolia, Ehrh.)

Et le *tilleul intermédiaire,* (Tilia intermédia, Dc.)

Ces trois espèces existent sur la promenade des Cordeliers de Louhans.

Les fleurs sont très employées en infusions. C'est un remède populaire dans les indispositions qui dépendent d'un état nerveux, d'un refroidissement ou d'une indigestion. Les meilleures sont celles du tilleul à petites feuilles.

On rencontre encore dans quelques jardins le *tilleul argenté* (Tilia argentea. Des.)

15e FAMILLE. — AURANTIACÉES.

Famille exotique dont les types qui se trouvent dans toutes nos serres et qu'à ce titre nous signalons ici sont :

Le Citrus medica. L. (*Citronnier commun*) dont le fruit est le *citron*,

Et le Citrus vulgaris, Risso. (*Citronnier bigaradier*) qui a pour fruit l'*orange amère* ou *bigarade*, dont l'écorce est tonique, stimulante, stomachique et de plus vermifuge et fébrifuge.

16e FAMILLE. — HYPERICINÉES.

Hypericum perforatum. L. (*Hypéric à feuilles perforées, Herbe aux mille pertuis, Millepertuis.*)

Bords des chemins, haies, lieux herbeux des bois.

Vulnéraire autrefois très-prôné ; moins usité aujourd'hui.

Hypericum tetrapterum. Fr. (*Hypéric à tige ailée.*)

Hypericum humifusum. L. (*Hypéric couché.*)

Hypericum hirsutum. L. (*Hypéric hérissé.*)

Hypericum pulchrum. L. (*Hypéric élégant.*)

Hypericum hircinnm. L. (*Hypéric à odeur de bouc.*)

17e FAMILLE. — ACÉRINÉES.

Acer campestre. L. (*Erable champêtre.*)

Haies, bois.

Acer platanoïdes. L. (*Erable Plane* ou *faux Sycomore.*)

Comme ornement dans les jardins.

Acer pseudo-platanus. L. (*Erable faux platane, Faux Platane, Sycomore.*)

Cultivé aussi comme ornement.

18e FAMILLE. — ÆSCULACÉES.

Famille dont le type est le *marronnier d'Inde* cultivé pour les promenades.

Æsculus hippocostanum. L. (*Marronnier d'Inde*), à fleurs blanches.

Æsculus Pavia. L. (*Pavia rubra*. P. (*Marronnier Pavia*), à fleurs rouges.

19e FAMILLE. — AMPÉLIDÉES.

Vitis vinifera. L. (*Vigne cultivée*).

On trouve souvent dans les buissons quelques pieds de vigne qui ont échappé à la culture, sont à l'état sauvage (*lambrusques*), et dont les fruits appelés *raisemots* servent à faire de la *piquette* avec d'autres fruits sauvages.

20e FAMILLE. — GÉRANIACÉES.

Geranium rotondifolium. L. (*Géranium à feuilles rondes*).

Assez répandu.

Geranium Robertianum. L. (*Géranium de Robert, Herbe à Robert, Robertin, Bec de grue, Herbe à l'esquinancie.*)

Lieux ombragés, le long des haies, bois.

Astringent. — Employé en gargarismes — et en infusions contre la stérilité.

Geranium molle. L. (*Géranium à feuilles molles.*)

Geranium columbinum. L. (*Géranium pied de pigeon*).

Geranium dissectum. L. (*Géranium à feuilles découpées*).

Geranium sanguineum. L. (*Géranium sanguin, Sanguinaire.*)

Cultivé comme ornement dans les jardins.

Beaucoup de Pelargoniums sont cultivés dans les jardins sous le nom de Géraniums.

Erodium cicutarium. W. (*Erodium à feuilles de cigüe, Cicutaire.*)

Assez répandu.

21e FAMILLE. — TROPÆOLACÉES.

Tropæolum majus. L. (*Capucine, Cresson d'Inde.*)

Cultivée dans les jardins.

Ses fleurs sont employées comme assaisonnement dans les salades, et ses fruits souvent en guise de câpres.

22e FAMILLE. — BALSAMINÉES.

Dans les jardins on cultive plusieurs variétés de *balsamines* à fleurs simples ou doubles, dérivées de l'Impatiens balsamina. L. (*Impatiente balsamine.*)

23e FAMILLE. — OXALIDÉES.

Oxalis acetosella. L. (*Oxalide oseille, Surelle, Alleluia, Pain de coucou, Herbe de bœuf*); ce n'est pas l'oseille.

Lieux couverts, ombragés,

Ses feuilles sont acidules, rafraîchissantes et légèrement diurétiques.

24e FAMILLE. — RUTACÉES.

Ruta graveolens. L. (*Rue odorante.*)

N'est pas spontanée ici. — Seulement dans quelques jardins et en pots.

Employée comme emménagogue et abortive.

25e FAMILLE. — CÉLASTRINÉES.

Evonymus Europæus. L. (*Fusain d'Europe, Fusain, Bonnet de prêtre*, à cause de la forme de ses fruits.)

Buissons.

Ses fruits sont purgatifs. Les gens de campagne les emploient en décoction avec du vinaigre contre la gale des animaux; désséchés et réduits en poudre, on s'en sert pour débarrasser les enfants de la vermine.

26e FAMILLE. — ILICINÉES.

Ilex aquifolium. L. (*Houx, Agrifon, Agrelis.*)

Haies, buissons, bois.

On a employé les feuilles comme fébrifuges.

27e FAMILLE. — RHAMNÉES.

Rhamnus catharticus. L. (*Nerprun purgatif.*)

Buissons, bois,

Ses fruits sont purgatifs à dose de 20 à 30; on peut se purger avec 1 gramme de baies récentes, il faudrait environ 4 grammes de baies sèches.

Rhamnus Frangula. L. (*Nerprun bourdaine, Bourdaine*).

Mêmes propriétés; moins usité. C'est la *pente verne*.

28e FAMILLE. — TÉRÉBIUTHACÉES.

Rhus Cotinus. L (*Sumac Fustet, arbre à perruque.*)

Cultivé dans quelques jardins.

Rhus coriara, L. (*Sumac des corroyeurs.*)

Dans quelques jardins aussi, très rare.

On cultive aussi dans quelques jardins l'*ailanthe glanduleux* (Ailanthus glandulosa. D.) sous le nom de *Vernis du Japon ou de la Chine*.

29e FAMILLE. — LÉGUMINEUSES.

Ulex europæus, L. (*Ajonc d'Europe, Landier.*)

Sous arbrisseau épineux trouvé çà et là dans quelques lieux secs et arides — probablement sorti d'un jardin.

Genista scoparia. Lamk; Sarothamnus scoparius. K. ou Vulgaris. W, (*Genêt à balai, Sarothamne commun.*)

Très commun dans les lieux incultes, les bois, le long des routes où les bestiaux en mangent les feuilles et les jeunes pousses.

Ses fleurs sont employées comme diurétiques dans les hydropisies, la goutte, le rhumatisme, ainsi que celles du

Genista tinctoria. L. (*Genêt des teinturiers, Genestrelle.*)

Très commun. — Ne fleurit qu'après le genêt à balai.

Autrefois employé pour teindre en jaune.

On lui a attribué des vertus antirabiques.

Genista anglica. L. (*Genêt d'Angleterre.*)

Rare. — Lieux sablonneux, Branges, dans de vaines pâtures, endroits non cultivés, — tend probablement à disparaître ici.

Genista hispanica. L. (*Genêt d'Espagne.*)

Dans quelques jardins.

Cytisus laburnum. L. (*Cytise Aubour, Cytise à grappes, Faux ébénier.*)

Très élégant, cultivé dans les jardins comme arbuste pour faire des massifs, bosquets.

Cytisus capitatus. Jq. (*Cytise à fleurs en tête.*)

Cultivé aussi dans les jardins comme ornement.

Ononis. L. (*Bugranes.*) Deux espèces très communes :

Ononis spinosa. L. ou Campestris. K. (*Ononis épineux, Ononis des champs, Arrête-bœuf.*)

Ononis repens. L. (*Ononis rampant, Bugrane rampant, Arrête-bœuf.*)

Champs en friche, lieux stériles, bord des chemins.

Les *Ononis* ou *Bugranes* sont communément désignés par les cultivateurs sous le nom d'*Arrête-bœuf*, parce que leurs fortes racines, en se multipliant trop, contrarient la charrue et gênent les labours.

Ces racines sont employées en infusions comme diurétiques.

Lupinus varius. T. (*Lupin à fleurs bigarrées.*)

N'est cultivé que dans les jardins et comme plante d'ornement; ici quelques gens de campagne utilisent les graines et lui donnent le nom de café. — Plusieurs variétés, lupins à fleurs blanches et bleues.

Anthyllis vulneraria. L. (*Anthyllide vulnéraire, Vulnéraire.*)

N'existe pas ici à l'état spontané, mais du côté de Cousance, Cuiseaux, où elle est très abondante. — Dans quelques jardins.

Contusée, elle est un remède populaire pour la cicatrisation des plaies. Elle entre dans le *thé Suisse.*

Medicago sativa. L. (*Luzerne cultivée, Luzerne commune, Luzerne.*

Une de nos meilleures, sinon la première de nos plantes fourragères, la *merveille du mesnage.*

Medicago lupulina. L. (*Luzerne lupuline, Mignonnette, Minette dorée.*)

Champs, prés, bord des chemins — très commune, surtout dans les terrains secs.

Medicago maculata. W. (*Luzerne tachetée.*)

Très commune; lieux sablonneux un peu humides et herbeux.

Melilotus officinalis. D. Melilotus arvensis. V. (*Mélilot officinal, Mélilot des champs, Trèfle odorant, Trèfle des mouches.)*

Assez abondant, prés, haies, bord des chemins, lieux secs.

D'une odeur très aromatique, on le mêle au tabac à priser pour le parfumer.

Recherché par les mouches à miel, mangé avec plaisir par les bestiaux, — aromatise le foin.

Des gens de campagne nous l'ont indiqué comme préservatif pour empêcher les vêtements d'être rongés par les insectes.

Autrefois très employé en médecine comme calmant, antispasmodique, dans la colique flatulente... etc., et à l'extérieur contre les inflammations légères des yeux.

Trifolium pratense. L. (*Trèfle des prés, Trèfle commun.)*

Vient naturellement dans les prés, les lieux herbeux un peu humides.

Le trèfle qu'on cultive, trifolium sativum, R. n'en est qu'une variété obtenue par la culture.

Fourrage très succulent, d'une végétation très active. — Se plaît surtout dons les terres fraîches, argileuses et fortes sans être très compactes.

Trifolium medium. L. (*Trèfle intermédiaire.)*

Abondant, terrains frais et sablonneux, bois.

Trifolium rubens. L. (*Trèfle rouge.)*

Bois montueux, à Cousance, Cuiseaux, pas à Louhans.

N'est pas le trèfle rouge d'ici.

Trifolium ochroleucum. L. (*Trèfle ochroleuque, Trèfle couleur d'ocre* ou *jaunâtre.)*

Très abondant, bois, prés secs et montueux.

Trifolium incarnatum. L. *(Trèfle incarnat.)*

Cultures, — plante annuelle très précoce.

Connu dans le midi sous le nom de *Farouch* ou *trèfle du Roussillon*. C'est ce qu'on appelle ici le *trèfle rouge*.

Trifolium arvense. L. *(Trèfle des champs, Pied de lievre.)*

Abondant, champs, guérets, terres légères.

On trouve dans cette espèce des formes nombreuses.

Trifolium fragiferum. L. *(Trèfle fraisier.)*

Trés abondant, — de petite taille.

Trifolium repens. L. *(Trèfle rampant, Trèfle blanc, petit trèfle de Hollande, Triolet.)*

Vient partout.

Trifolium elegans. S. *(Trèfle élégant.)*

Prés, bord des bois.

Trifolium patens. Sch. *(Trèfle étalé)*, auquel on rattache le Trifolium parisiense. D. *(Trèfle de Paris.)*

Dans quelques prés seulement — de Bruailles — provenait peut-être de graines semées.

Trifolium filiforme. L. *(Trèfle filiforme.)*

Trés grêle, — lieux secs et sablonneux.

Trifolium procumbens. L. *(Trèfle tombant.)*

Lieux sablonneux, prés.

Lotus diffusus. S. Lotus angustissimus. L. *(Lotier étalé Lotier à feuilles étroites.)*

Lieux sablonneux.

Lotus major. Sm. Lotus uliginosus. Sch. (*Lotier* ... *Lotier des marais.*)

Prés humides, bord des mares.

Galega officinalis. L. (*Galéga officinal, Lavanèse* ou *Rue des chèvres.*)

Autrefois fort vanté, aujourd'hui sans usage en médecine.

Colutea arborescens. L. (*Baguenaudier arbrisseau.*)

Cultivé comme ornement dans quelques jardins, bosquets, où l'on s'amuse à faire claquer entre les doigts leurs fruits qui ressemblent à des vessies pleines d'air, d'où le nom *baguenaudier* de *baguenauder.*

Robina pseudo-acacia. L. (*Robinier Faux acacia,* plus connu sous les noms d'*Acacia blanc,* d'*Acacia commun* ou simplement sous celui d'*Acacia.*)

C'est l'*Acacia* de nos pays, bel arbre d'ornement pour les avenues, les bosquets.

Les branches font de bons échalas ; les feuilles sont aimées des bestiaux ; les fleurs, d'odeur très agréable, sont bonnes contre les spasmes et on en peut faire un sirop rafraîchissant ; — dans les ménages on en fait des beignets.

Astragalus glycyphyllos. L. (*Astragale Réglisse, Fausse Réglisse* ou *Réglisse sauvage.*)

Haies, bois, buissons.

Phaseolus vulgaris. L. (*Haricot commun.*)

N'existe qu'à l'état cultivé, dans les jardins ou en plein champ.

Les horticulteurs en ont fait de nombreuses variétés qu'on peut grouper en deux sections : *haricots grimpants ou à râmes,* pour les jardins, *haricots nains ou sans râmes,* plus spécialement pour les champs.

Faba vulgaris. Mch; Vicia Faba. L. (*Fève commune, Fève cultivée, Vesce Fève.*)

Cultivée.

Vicia sativa. L. (*Vesce cultivée, Vesce commune, Barbotte Billon, Bisaille, Pesette.*)

Cultures, champs, haies.

Vicia angustifolia. R. (*Vesce à feuilles étroites.*)

Bois, buissons, champs.

Vicia segetalis. K. (*Vesce des moissons.*)

Vicia lutea. L. (*Vesce à fleurs jaunes.*)

Champs, moissons, bord des chemins.

Vicia sepium. L. (*Vesce des haies.*)

Vicia tetrasperma. Mch; Ervum tetraspermum, L. (*Vesce à quatre graines, Ers à quatre graines.*)

Champs, bois, buissons.

Vicia Cracca, L; Cracca major, Franck. (*Vesce Craque Craque élevée.*)

Vicia varia. H. (*Vesce variable.*)

Commune dans les moissons et par conséquent dans les pailles qu'elle concourt à rendre fourragères.

Ervum hirsutum. L. (*Ers à fruit velu.*)

Assez répandue — n'est pas cultivée.

L'Ervum lens. L. (*Lentille, Ers aux lentilles*)

N'existe pas ici, n'est pas cultivée dans le Louhannais. — Réussirait probablement dans les champs sablonneux de Branges.

Pisum sativum. L. (*Pois cultivé.*)
Nombreuses variétés. Le pois n'existe ici qu'à l'état de cultures.

Lathyrus Aphaca. L. (*Gesse sans feuilles.*)
Fort commune dans le blé, les moissons, dont elle rend la paille plus appétissante.

Lathyrus Nissolia. L. (*Gesse de Nissole.*)
Assez commune.

Lathyrus angulatus. L. (*Gesse à graines anguleuses.*)
Assez commune.

Lathyrus hirsutus. L. (*Gesse à fruits velus.*)
Moissons. — Elle est très fourragère.

Lathyrus pratensis. L. (*Gesse des prés.*)
Commune ; prairies humides, le long des haies.

Lathyrus sylvestris. L. (*Gesse des bois.*)
Assez commune dans quelques bois.

Lathylus latifolius. L. (*Gesse à larges feuilles, grande Gesse, Pois à bouquets, Pois vivace, Pois éternel.*)
Très belle plante de jardins.

Orobus tuberosus. L. (*Orobe à racine tubéreuse.*)
Pas très abondant ; prés couverts, bois taillis.

Coroinlla Emerus. L. (*Coronille Emérus, faux Baguenaudier, faux Sené* ou *Sené sauvage.*)
Jolie plante. — Ne se trouve que dans quelques jardins.

Ornithopus perpusillus. L. (*Ornithope fluet* ou *délicat, Pied d'oiseau.*)
Champs sablonneux, Branges.

Onobrychis sativa. Lamk. (*Esparcette cultivée, Sainfoin.*)

N'existe pas ici, mais est un peu cultivé du côté de Cousance, Cuiseaux.

Cercis siliquastrum. L. (*Gainier à fruits siliquiformes, Gainier, Arbre de Judée.*)

Ne se voit guère que dans les jardins ; cultivé comme ornement des bosquets.

30e FAMILLE. — AMYGDALÉES.

Prunus spinosa. L. (*Crunier épineux, Prunellier* ou *Epine noire*) qui donne les *prunelles* ou *plosses*, avec une variété à gros fruits (prunus fruticans. W.) qui donne les *plardes.*

Prunus domestica. L. (*Prunier cultivé*) qui donne les *prunes.*

Variétés nombreuses.

Cerasus avium. D; Prunus avium. L. (*Cerisier des oiseaux, Merisier*) dont on a fait plusieurs espèces, le *Merisier* (Cerasus avium sylvestris D.) qui donne les *merises,* le *Guignier* (Cerasus avium Juliana. D.) qui donne les *Guignes* ou *Cerises douces* à variétés nombreuses, et le *Bigarreautier* (Cerasus avium Duracina. D.) qui donne plusieurs variétés de *Bigarreaux.*

Cerasus lauro-cerasus. Lois; Prunus lauro-cerasus. L. (*Laurier-cerise, Laurelle à lait.*)

Qu'on cultive comme ornement.

Armeniaca vulgaris. Lamk; Prunus armeniaca. L. (*Abricotier.*)

Cultivé dans les jardins, vergers.

Persica vulgaris. M ; **Amygdalus persica.** L. (*Pêcher.*)

Cultivé dans les jardins. — Offre comme variété le

Persica lævis. Dc. (*Pêcher à fruit lisse*) qui produit le *brugnon.*

31e FAMILLE. — ROSACÉES.

Spiræa ulmaria. L. (*Spirée ulmaire, Ulmaire, Reine des prés.*)

Herbages ou prés humides, bord des fossés, le long des eaux ; cultivée aussi dans les jardins.

Très usitée comme diurétique contre l'hydropisie.

Spiræa filipendula. L. (*Spirée Filipendule, Filipendule.*)

Seulement à l'état cultivé dans les jardins.

Rubus Idæus. (*Ronce du mont Ida.*)

Très rare à l'état sauvage; j'en ai trouvé dans quelques bois; cultivée, c'est le *framboisier.*

Rubus cæsius. L. (*Ronce à fruit bleuâtre.*)

Haies, le long des fossés, bord des champs, des chemins.

Rubus fruticosus. L. (*Ronce frutescente, Ronce des haies.*)

Haies, buissons, le long des bois, des champs, des fossés.

...spèce que se rattachent la plupart des ronces
...rs variétés.
...*ûres de ronces* sont comestibles,
...r des coliques si on en mangeait
...le mûres, astringent très usité en

...nément avec les feuilles de ronces

que l'on fait les décoctions astringentes si employées en gargarismes contre les maladies de la bouche et surtout les maux de gorge.

Rubus hirtus. W. (*Ronce hérissée.*)

Bois, terres...

Rubus suberectus. W. (*Ronce demi-élevée.*)

Rubus discolor. W. (*Ronce à feuilles bicolores.*)

Haies, lieux découverts.

Fragaria vesca. L. (*Fraisier comestible.*)

Bois, haies, buissons. — Nombreuses variétés par la culture.

Les fruits, si recherchés sur nos tables, jouissent de propriétés rafraîchissantes et relâchantes, utiles surtout aux gens pléthoriques et constipés. On les vante contre la gravelle et la goutte.

Avec la racine de fraisier, on fait des tisanes toniques, astringentes, apéritives et diurétiques.

Potentilla fragariastrum. D. Fragaria sterilis. L. (*Potentille Fraisier, Fraisier stérile.*)

Lieux arides, bois.

Potentilla reptans. L. (*Potentille rampante, Quintefeuille.*)

Très commune le long des champs, fossés, chemins. — Encombrante dans les jardins.

Potentilla anserina. L. (*Potentille ansérine, Argentine, herbe aux oies.*)

Le long des chemins, lieux humides.

Potentilla verna. L. (*Potentille du printemps.*)

Potentilla argentea. L. (*Potentille argentée.*)

Lieux sablonneux, Bruailles... etc.

Potentilla tormentilla. Dc. Tormentilla erecta. L. ou officinalis. C. (*Potentille tormentille, Tormentille droite* ou *officinale.*)

Bois, pâturages secs.

La tormentille est très astringente. On emploie surtout sa racine contre la diarrhée et la dyssenterie chronique et les hémorrhagies passives.

Geum urbanum. L. (*Benoîte commune, Benoîte officinale, Herbe de St-Benoît.*)

Très commune; astringente.

D'autres espèces de Benoîtes sont cultivées comme plantes d'ornement.

Rosa canina. L. (*Rosier des chiens, Rosier sauvage, Eglantier sauvage, Eglantier.*)

Très répandu, buissons; fournissent la plupart des tiges sur lesquelles on greffe les roses variées.

Les fruits de l'églantier, ainsi que des autres rosiers sauvages, sont les *cynorrhodons* ou *gratte-culs*; on en fait une conserve recommandée dans la diarrhée. On pourrait en faire une confiture, comme en Allemagne, où elle est ordinairement servie comme assaisonnement de la viande rôtie.

Rosa rubiginosa. L. (*Rosier à feuilles rouillées, Rosier rouillé* ou *odorant*, appelé aussi vulgairement *églantier commun.*)

Haies, broussailles.

Rosa sepium. Th. *Rosier des haies.*)

Assez répandu.

Rosa tomentosa. Sm. (*Rosier à feuilles tomenteuses.*)
Moins commun ; haies, buissons, bois.

Rosa gallica. L. (*Rosier de France.*)
On le trouve dans quelques buissons.

Introduite dans les jardins, c'est la *Rose rouge, Rose de Provins, Rose officinale.* — Astringente et aromatique.

Agrimonia Eupatoria. L. (*Aigremoine Eupatoire, Aigremoine d'Eupator, Herbe de St-Guillaume.*)
Le long des chemins, bord des prés.

Astringente ; employée surtout dans la médecine populaire contre les maux de gorge, sous forme de gargarisme, en décoction dans l'eau ou dans le vin.

Poterium Sanguisorba. L. (*Pimprenelle Sanguisorbe, Pimprenelle. petite Pimprenelle.*)
Terrains secs, bord des chemins. — Cultivée.

Alchemilla arvensis. Sc. Aphanes arvensis. (*Alchemille des champs, Aphane des champs, Petit pied de lion.*)
Champs, moissons, terrains sablonneux.

32e FAMILLE. — POMACÉES.

Pyrus communis. L. (*Poirier commun.*)

Produisant à l'état sauvage des fruits acerbes, et par la culture de nombreuses variétés de poires.

Pyrus malus. L ; Malus communis. Lamk. (*Pommier sauvage.*)

Produisant à l'état sauvage des fruits acerbes (*sauvageons*), et à l'état cultivé de nombreuses variétés de pommes.

Sorbus domestica. L. (*Sorbier domestique, Sorbier, Cromier.*)

Cultivé pour ses fruits, *Sorbes* ou *Cormes.*

Assez rare dans le Loubannais.

D'autres sorbiers sont cultivés comme ornement dans les jardins, les bosquets ; ainsi le *Sorbier des Oiseaux* (Sorbus aucuparia. L.)

Cydonia vulgaris. Pers; Pyrus Cydonia. L. (*Coignassier.*)

Cultivé pour ses fruits, coings, dont on fait des gelées, marmelades, raisinés, sirops...

Stomachiques, astringents, fortifiants; très employés contre la diarrhée.

Nespilus germanica. L. (*Nêflier d'Allemagne, Nêflier commun.*)

Buissons. — On le cultive également (*Nêflier à gros fruits.*)

Astringent. — Employé parfois aussi contre la diarrhée.

Cratægus oxyacantha. L. (*Alisier aubépine, Aubépine, Epine blanche, noble Epine ou Bois de mai.*)

Buissons, haies ; ses fruits sont les *poires à bon Dieu.*

On trouve encore ici une variété qu'on a distinguée de la précédente, le Cratægus monogina. Jacq. à feuilles plus petites et plus profondément divisées.

On cultive dans les jardins d'agrément plusieurs variétés aubépines, à fleurs simples ou doubles, blanches ou roses.

33e FAMILLE. — ONAGRARIÉES.

Epilobium angustifolium. L. (*Epilobe à feuilles étroites.*)

Le long des ruisseaux. — Très rare.

Epilobium hirsutum. L. (*Epilobe hérissé, Epilobe velu.*)

Le long des eaux, lieux ombragés et humides.

Epilobium parviflorum. Sch; Epilobium molle. Lamc (*Epilobe à petites fleurs, Epilobe mollet.*)

Lieux humides, bord des fossés, le long des haies.

Epilobium montanum. L. (*Epilobe des montagnes.*)

Epilobium collinum. Gml. (*Epilobe des collines.*)

Châteaurenaud... etc.

Epilobium tetragonum. L. (*Epilobe tetragone.*)

OEnothera biennis. L. (*Onagre bisannuelle.*)

Sort des jardins où on cultive aussi

L'*Onagre odorante* (OEnothera suaveolens. Desp.)

Isnardia palustris. L. (*Isnarde des marais.*)

Circea lutetiana. L. (*Circée parisienne, herbe aux sorciers, herbe aux magiciennes, herbe de Saint-Simon.*)

Lieux frais, à l'ombre. — On lui attribuait antrefois des propriétés surnaturelles.

Fuchsia. — (Dans les jardins.)

34e FAMILLE. — HALORAGÉES.

Myriophyllum spicatum. L. (*Myriophylle à fleurs en épi, Volant d'eau.*)

Eaux tranquilles.

Myriophyllum verticillatum. L. (*Myriophylle verticillé.*)

Trapa natans. L. (*Macre flottante, Chataigne d'eau, Truffe d'eau, Noix d'eau, Cornue, Cornuelle,* connue ici sous le nom de *Cabasse.*)

Eaux tranquilles, mares... Assez commune.

Le fruit est farineux, comestible, recherché des enfants.— peut-être un peu lourd. — On l'accuse à tort de donner les fièvres.

Callitriche vernalis. Kutz. (*Callitriche du printemps, Etoile du printemps, Etoile d'eau.*)

Fossés, mares.

Callitriche autumnalis. L. (*Callitriche d'automne, Etoile d'automne.*)

35e FPMILLE. — CÉRATOPHILLÉES.

Ceratophyllum demersum. L. (*Cornifle nageant.*)

Plante aquatique.

36e FAMILLE. — LYTHRARIÉES.

Lythrum Salicaria. L. (*Salicaire commune.*)

Lieux ombragés et humides, bord des eaux; sous les saules.

Astringente. — En infusion contre les diarrhées.

Lythrum hyssopifolia. L. (*Salicaire à feuilles d'hyssope.*)

Peplis portula. L. (*Péplide pourpier.*)

Lieux humides, fossés, bord des mares.

37e FAMILLE. — MYRTACÉES.

Myrtus communis. L. (*Myrte.*)

N'existe ici que comme plante d'orangerie, en pots... arbrisseau d'ornement.

38e FAMILLE. — PHILADELPHÉES.

Philadelphus coronarius. L. (*Philadelphe des jardins.*)

N'existe que comme plante d'ornement dans les jardins, sous le nom de *Seringa des jardins, Seringa odorant.*

39e FAMILLE. — CUCURBITACÉES.

Bryona dioïca. Jacq. (*Bryone dioïque, Bryone, Couleuvrée.*)

Plante grimpante, haies, buissons.

Sa souche appelée vulgairement *racine de couleuvrée, navet du diable* est très âcre; elle a un suc purgatif dangereux — et même caustique à l'état frais.

Cucumis. L. (*Concombre*). On cultive surtout les *concombres* (cucunis sativus. L.) qui ont pour fruits les cornichons.

Et les *melons* (cucumis melo. L.)

Cucurbita. L. (*Courge.*)

Nombreuses variétés cultivées dans les champs, les jardins, comme plantes alimentaires ou d'ornement.

Citrullus. Neck. (*Citrulle*). On cultive les *pastèques*, les *melons d'eau.*

Lagenaria. Ser. (*Calebasse.*)

Cultivée sous les noms de *Gourde, Gourde bouteille, Gourde des pélerins, Gourde massue.*

40e FAMILLE. — PORTULACÉES.

Montia minor. Gm. (*Montie naine.*)
Lieux humides, bord des eaux, des mares.

Portulaca T. (*Pourpier.*)
Plusieurs espèces cultivées comme plantes d'ornement.

41e FAMILLE. — PARONYCHIÉES.

Scleranthus annuus. L. (*Gnavelle annuelle.*)
Champs, lieux cultivés.

Scleranthus perennis. L. (*Gnavelle vivace.*)

Herniaria hirsuta. L. (*Herniaire velue.*)
Lieux sablonneux.

Corrigiola littoralis. L. (*Corrigiole des rivages.*
Lieux sablonneux, le long des eaux.

Illecebrum verticillatum. L. (*Illécèbre verticillé.*)
Lieux sablonneux humides.

42e FAMILLE. — CRASSULACÉES.

Sedum acre. L. (*Orpin âcre, Orpin brûlant, Vermiculaire brûlante, Pain d'oiseau.*)
Murs, terrains chauds, sablonneux,

Très âcre ; on l'applique sur les cors et les durillons pour les faire disparaître.

Sedum boloniense. Ls; Sedum sexangulare. L. (*Orpin de Boulogne, Orpin à six angles.*)

Moins âcre.

Sedum albnm. L. (*Orpin blanc, Tétine de chatte, Trique madame, petite joubarbe.*)

Murs, lieux secs.

Sedum cepœa. L. (*Orpin faux oignon, Orpin paniculé.*)

Sedum Telephium. L. (*Orpin Reprise, Reprise, Grassette, herbe à la coupure.*

Peut-être sorti des jardins.

Vulnéraire — pour les coupures — sur les cors.

Sedum rubens. L. (*Orpin rougeâtre.*)

Sempervivum tectorum. L. (*Joubarbe des toits,* appelée encore *artichaud sauvage, artichaud de murailles,* car jeune elle a l'aspect d'une tête d'artichaud.

Commune sur les toits de chaume, cultivée aussi dans les jardins, surtout en pots.

Les gens de campagnes trouvent dans leurs feuilles charnues et riches en suc, qu'il suffit de réduire en pulpe, un cataplasme tout préparé qu'ils emploient parfois contre les diverses inflammations, tumeurs, erysipèles, les arthrites goutteuses. les abcès, les hémorrhoïdes, et contre les brûlures en y ajoutant de l'huile. — Usitées aussi en application sur les cors.

43e FAMILLE. — CACTÉES.

Plantes grasses cultivées dans les serres, en pots...

Plusieurs variétés du Cactus opontia. L. (*Cierge opuntie.*)

44e FAMILLE. — SAXIFRAGÉES.

Saxifraga tridactylites. L. (*Saxifrage trilobée, Saxifrage des murs.*)

45e FAMILLE. — GRASSULACÉES.

Ribes uva crispa. L; Ribes grassularia. L. (*Groseiller épineux.*)

Haies, bois. On en cultive dans les jardins, une variété sous le nom de *groseiller à maquereaux.*

Ribes rubrum. L. (*Groseiller rouge.*)

Cultivé pour ses fruits avec lesquels on fait le sirop, la gelée de groseille.

Rafraîchissante, acidule, sédative de la fièvre; c'est un des *quatre fruits rouges* employés en médecine.

Ribes nigrum. L. (*Groseiller à fruits noirs.*)

Seulement dans les jardins. — Cultivé sous le nom de *cassis.*

De ses fruits on fait la liqueur de cassis; ses feuilles en infusions sont employées comme diurétiqueset énuménagogues dans la médecine populaire.

46e FAMILLE. — OMBELLIFÈRES.

Daucus Carota. L. (*Carotte commune.*)

Prés, bord des champs, des chemins, partout.

Cultivée pour sa racine; elle produit de nombreuses variétés, blanche, jaune, rouge.

Charnue, alimentaire pour l'homme et les animaux.

Adoucissante et sédative, on l'a vantée en cataplasmes sur les inflammations de mauvaise nature, les cancers ulcérés toute autre substance pulpeuse aurait les mêmes avantages.

La décoction de carotte est un remède populaire contre la jaunisse, à cause de son analogie de couleur avec la maladie.

Avec les graines de carotte, on fait des infusions réputées excitantes, toniques, diurétiques, antispasmodiques, emménagogues.

Torilis Anthriscus. Gm; Caucalis Anthriscus. W. (*Torilide Anthrisque, Caucalide Anthrisque.*)

Bord des chemins, lieux incultes, haies.

Angelica sylvestris. L. (*Angélique sauvage.*)

Lieux humides, prés couverts.

La racine de l'angélique, mais surtout de l'*angélique* ou *archangélique officinale* (Angelica archangelica. L; Archangelica officinalis. H.) qu'on peut cultiver dans les jardins, est employée comme excitante et stomachique; — on en confit les tiges.

Peucedanum oreoselinum. Mœnch; Athamanta oreoselinum. L. (*Peucédane de montagne, Athamante de montagne.*)

Bois, prairies.

Pastinaca sativa. L. (*Panais cultivé.*)

Plante potagère.

Pastinaca sylvestris. L. (*Panais sauvage.*)

Le long des haies, des chemins, lieux incultes.

Heracleum Spondylium. L. (*Berce Branc-ursiné, Acanthe d'Allemagne.*)

Prés gras et humides.

Silaus pratensis. B. (*Silaus des prés, Peucédane Silaus.*)

Prés, lieux humides ou ombragés.

Fœniculnm officinale. All ; Anethum fœniculum. L. (*Fenouil officinal, Aneth fenouil.*)

Cultivé dans les jardins, souvent sous le nom d'*anis*.

On se sert surtout des semences qui sont excitantes, aromatiques, carminatives.

Ethusa cynapium. L. (*Ethuse ache des chiens,* vulgairement *petite cigüe, faux persil, cigüe des jardins.*

Jardins, lieux cultivés.

Vénéneuse, dangereuse par sa ressemblance avec le persil ou le cerfeuil. Pour la reconnaître, il suffit d'en broyer une feuille entre les doigs, l'odeur du persil et du cerfeuil est aromatique, celle de la petite cigüe est désagréable, nauséeuse.

OEnanthe Phellandrium. Lamk; Phellandrium aquaticum. (*Œnanthe Phellandre, Phellandre aquatique, Cigüe d'eau.*)

Fossés inondés, bord des étangs, marais.

Nuisible au bétail qui la mange fraîche.

Employée en médecine contre les maladies de poitrine, bronchites, asthme, phthisie.

OEnanthe fistulosa. L. (*Œnanthe fistuleuse.*)

Fossés inondés, bord des étangs, marais.

OEnanthe peucedanifolia. P. (*Œnanthe à feuilles de peucédane.*)

Prés humides.

Sium angustifolium. L; Berula angustifolia. K. (*Berle à feuilles étroites, Bérule à feuilles étroites.*)

Fossés, ruisseaux, étangs.

Pimpinella magna. L. (*Boucage à grandes feuilles, Pimpinelle blanche.*)

Prairies, bois humides.

Pimpinella saxifraga. L. (*Boucage saxifrage, petit bouquetin, Pied de bouc, petite pimpinelle.*)

Lieux incultes, bord des chemins.

Helosciadum inondatum. K. (*Hélosciadie aquatique.*)

Entièrement dans l'eau, mares.

Petroselinum sativum. H; Apium petroselinum. L. (*Persil cultivé, Ache persil, Persil.*)

Cultivé dans les jardins pour la cuisine.

On l'emploie comme résolutif, contusé et appliqué à l'extérieur, contre les coups, contusions, piqûres d'insectes, engorgements laiteux des mamelles.

Apium graveolens. L. (*Ache odorante.*)

Cultivée sous le nom de *céleri*, plante alimentaire.

Anthriscum cerefolium. Hoffm; Chærophyllium sativum. Lamk. (*Anthrisque cerfeuil, Cerfeuil cultivé.*)

Cultivé dans les jardins.

Pour la cuisine, comme assaisonnement.

On emploie aussi l'infusion des feuilles comme calmant résolutif en fomentations pour les maux d'yeux, les contusions, les excoriations de la peau; on les applique contusées sur les engorgements gauglionnaires aigüs, sur ceux des mamelles.

On prend aussi des infusions à l'intérieur, comme diurétiques, emménagogues.

Anthriscus sylvestris. H; Chærophyllun sylvestre. L. (*Anthrisque sauvage, cerfeuil sauvage, Persil d'âne.*)

Haies, prairies.

Scandix pecten Veneris. L. (*Scandix peigne de Vénus, Peigne de Vénus, Cerfeuil à aiguillettes, Aiguille de berger.*)

Champs, moissons, — très-abondant.

Amer, peu recherché des bestiaux.

Astrantia major. L. (*Astrance à grandes feuilles, grande Radiaire*)

Jardins, plante d'ornement.

Sanicnla Europæa. L. (*Sanicle d'Europe.*)

Bois ombragés.

Employée comme vulnéraire ; on la regardait autrefois comme une panacée qui guérissait toutes les contusions, plaies, fractures.

Eryngium campestre. L. (*Panicaut des champs, chardon Rolland, chardon Levraut, Panicaut à cent têtes.*)

Lieux incultes, bord des champs, chemins. A le port et l'aspect des chardons ; les bestiaux n'y touchent pas.

Hydrocotyle vulgaris. L. (*Hydrocotyle commun, Ecuelle d'eau.*)

Lieux marécageux.

47e FAMILLE. — HÉDERACÉES.

Hedera Helix. L. (*Lierre grimpant, Lierre commun.*)

Très abondant, murs; troncs d'arbres.

Les feuilles servent au pansement des vésicatoires, cautères, plaies suppurantes, pour les tenir humides et préserver les linges de l'imbibition par le pus.

Cornus sanguinea. L. (*Cornouiller sanguin, Sanguinelle.*

Buissons, — cultivé aussi dans les bosquets.

48e FAMILLE. — LORANTHACÉES.

Il n'y a qu'une seule Loranthacée, non-seulement ici, mais en France, c'est le

Viscum album. L. (*Gui à fruits blancs.*)

Parasite sur les arbres des vieux vergers de campagne... Je ne l'ai jamais rencontré sur le chêne.

Les feuilles pulvérisées du gui passent pour guérir le mal caduc. Ses baies servaient à préparer la glu.

49e FAMILLE. — CAPRIFOLIACÉES.

Adoxa Moschatellina. L. (*Adoxe Moschatelline, Moschatelle.*)

Ses fleurs très petites et peu adhérentes répandent une légère odeur de musc.

Lieux humides et couverts.

Sambucus Ebulus. L. (*Sureau Hyèble, Hyèble* ou *petit sureau.)*

Champs argileux, bord des chemins et des fossés humides. D'odeur forte et repoussante.

Sambucus nigra. L. (*Sureau à fruits noirs, Sureau commun.)*

Arbrisseau. — Dans les haies, autour des habitations.

C'est la *tape,* dont on fait les *tapards* pour les enfants.

Ses fleurs séchées sont d'un usage journalier en infusions comme sudorifiques, dans les maladies de refroidissement, bronchites, rhumatismes, angines... ; et pour fomentations calmantes en compresses sur l'erysipèle, les surfaces irritées.

Viburnum Lantana. L ; Viburnum tomentosum. Lamk. *Viorne mantienne* ou *cotonneuse.)*

Buissons, bois, cultivée quelquefois comme ornement.

Viburnum Opulus. L. (*Viorne aubier, Sureau d'eau.)*

Bois et haies.

Cultivée comme ornement ; la *Boule de neige* ou *Rose de Gueldres* en est une variété pour les bosquets. Le *laurier-tin* en est une autre.

Lonicera periclymenum. L. (*Chèvre-feuille des bois* ou *Chèvre-feuille sauvage.)*

Bois, haies.

Lonicera caprifolum. L. (*Lonicère chèvre-feuille, Chèvre-feuille des jardins.)*

Cultivé pour la beauté de ses fleurs et pour leur odeur.

On s'en sert en gargarisme pour les maux de gorge. On peut aussi en faire un sirop cordial et béchique.

50e FAMILLE. — RUBIACÉES.

Galium cruciatum. Scop; Vaillantia cruciata. L. (*Gaillet Croisette, Croisette velue.*)
Haies, buissons, prés.

Galium verum. L. (*Gaillet vrai, Caille-lait jaune.*)
Le long des haies, bord des chemins, prairies.
Aurait la propriété fort contestée de faire cailler le lait.

Galium mollugo. L. (*Gaillet mollugine, Gaillet dressé, Caille-lait blanc.*)
Haies et buissons.
Prétendu spécifique contre l'épilepsie.

Galium palustre. L. (*Gaillet des marais.*)
Noircit par la dessication.

Galium uliginosum. L. (*Gaillet des fanges.*)
Lieux aquatiques et fangeux.

Galium aparine. L. (*Gaillet accrochant, gratteron.*)
Haies, buissons, lisières des bois.

Sherardia arvensis. L. (*Shérarde des champs.*)
Très commune, champs, moissons, bord des chemins.

51e FAMILLE. — VALÉRIANÉES.

Valeriana officinalis. L. (*Valériane officinale, Valériane, herbe aux chats.*)
Très abondante, lieux humides.

Sa racine a une odeur pénétrante pour laquelle les chats ont une passion singulière.

Antispasmodique très employé en médecine.

Valeriana dioïca. L. (*Valériane dioïque.*)

Sans usage.

Valeriana phu. L. (*Valériane phu, Valériane des jardins.*)

Cultivée dans les jardins comme plante d'ornement.

A des propriétés moins marquées que la valériane officinale.

Valerianella Olitoria. Pol. (*Valérianelle potagère.*)

Cultivée pour salade dans les jardins potagers; c'est la *Mâche, Doucette, Levrette.*

52e FAMILLE. — DIPSACÉES.

Dipsacus sylvestris. D. (*Cardère sauvage.*)

Très répandu; bord des chemins, champs incultes.

C'est ce qu'on appelle ici *chardon.* On le nomme encore *laitue aux ânes, grande verge à pasteur, Cabaret des oiseaux, Coupe, Cuvette ou Baignoire de Vénus,* en raison de ses feuilles qui, en se soudant à leur base, forment une sorte de cuvette où s'amasse de l'eau; cette eau jouissait autrefois d'une certaine réputation pour guérir les maux d'yeux.

Scabiosa succisa. L. (*Scabieuse succise,* appelée vulgairement *mors* ou *morsure du diable,* à cause de sa souche tronquée comme si elle avait été mordue sous terre.)

Bois, prairies.

Amère, dépurative, usitée dans les affections dartreuses.

Scabiosa columbaria. L. (*Scabieuse colombaire.*)

Lieux secs, bord des prés, des chemins, lisière des bois.

Plusieurs scabieuses sont cultivées comme ornement dans les jardins.

53e FAMILLE. — COMPOSÉES.

1° Composées Cynarocéphales.

Onopordum acanthium. L. (*Onoporde à feuilles d'acanthe, Chardon acanthin, Pet d'âne* ou *Chardon aux ânes.*)

Lieux incultes, bord des chemins.

Il est refusé par les animaux ; les ânes toutefois le broutent.

Cynara cardunculus. L. (*Artichaud cardon, Cardon.*)

Cultivé dans les jardins potagers, pour ses feuilles dont on mange la côte ou nervure médiane.

Cynara scolymus. L. (*Artichaud commun.*)

Cultivé, plante alimentaire.

Cirsium lanceolatum. Scop ; Carduus lanceolatus. L. (*Cirse* ou *Chardon à feuilles lancéolées.*)

Bord des chemins, lieux incultes.

Cirsium palustre. Scop ; Carduus palustris. L. (*Cirse* ou *chardon des marais,* qu'on a appelé *bâton du diable,* à cause de son toucher épineux.)

Lieux humides.

Cirsium arvense. Scop; Serratula arvensis. L. (*Cirse des champs, Sarrette des champs, Chardon hémorrhoïal.*)

Très abondant dans les champs où il se multiplie aisément.

Centaurea calcitrapa. (*Centaurée chausse-trape, Chardon étoilé.*)

Le long des chemins, lieux stériles.

Amère et tonique; on s'en sert dans le traitement des débilités et comme fébrifuge.

Centaurea cyanus. L. (*Centaurée bleuet, Bluet.*)

Vient abondamment dans les moissons.

On en faisait autrefois une eau qu'on croyait très efficace contre les maladies des yeux, d'où le nom de *casse-lunettes* donné au bluet.

Centaurea Jacea. (*Centauree Jacée, Maillons, Tête d'alouette* ou *tête de moineau, Jacée des prés.)*

Prés, pâturages...

Centaurea amara. L. (*Centaurée amère.*)

Variété de la Jacée que nous avons rencontrée à Savigny-en-Revermont... etc.

Centaurea nigra. L ; (Centaurea obscura. J. (*Centaurée noire.*)

Prés, bois.

Carlina vulgaris. L. (*Carline vulgaire, Chardon doré.*)

Lieux incultes.

Lappa major. Gaertn. (*grande bardane, Bardane à grosses têtes, Oreille de géant, Bouillon noir.)*

Lappa minor. Dc. *(petite Bardane.)*

Le long des chemins, terres incultes.

Les *Bardanes* ou *Glouterons* sont réputées amères, sudorifiques, dépuratives, diurétiques. On emploie surtout à l'intérieur la racine de bardane en décoction, contre le rhumatisme, la goutte, les épanchements, et aussi contre les affections chroniques de la peau. On a vanté aussi les vertus des feuilles contusées pour cicatriser les plaies, les croûtes laiteuses et guérir la teigne (*herbe aux teigneux.*)

2° Composées Corymbifères.

Calendula officinalis. L. (*Souci officinal* ou *Souci des jardins.*)

Nous ne l'avons vu ici que dans les jardins.

On emploie assez communément ses feuilles en application sur les verrues, les cors, les tumeurs pour les détruire.

Ses fleurs étaient jadis employées en infusions contre la jaunisse, le cancer, les écrouelles, les suppressions. On en faisait aussi une eau pour les maladies des yeux.

Inula helenium. L. (*Inule aulnée, Aunée commune, Aromate germanique, OEil de cheval.*)

Dans quelques prés, sort peut-être des jardins où elle est cultivée comme plante médicinale.

Sa racine est employée en décoction.

Tonique, aromatique, excitante, diaphorétique, expectorante. — Très utile dans le catarrhe chronique avec engorgement des poumons, dans les affections avec débilité générale, la dyspepsie, dans les cas de faiblesse générale chez les jeunes filles mal réglées.

Sa décoction en compresse apaise les démangeaisons dartreuses.

Inula britannica. L. (*Inule britannique.*)

Lieux humides — sans usage.

Inula Conyza. Dc ; Conyza squarrosa. L. (*Inule conyze, Conyze rude.*)

Terrains secs, bord des bois et des chemins.

Inula pulicaria. L ; Pulicaria vulgaris. G. (*Inule pulicaire, Pulicaire commune, herbe aux puces* ou *aux pucerons.*)

Lieux humides.

Répand une odeur désagréable qui peut éloigner les insectes.

Inula dysenterica. L ; Pulicaria dysenterica. G. (*Inule* ou *Pulicaire dysentérique, herbe de St-Roch.*)

Lieux humides.

Autrefois employée contre la dyssenterie — sans usage aujourd'hui.

Filago Germanica. L. (*Filago* ou *Gnaphale d'Allemagne, Herbe à coton, Cotonnière.*)

Champs, bord des chemins, des fossés.

Filago minima ou montana. (*Filago* ou *Gnaphale de montagne.*)

Filago gallica. L. (*Filago* ou *Gnaphale de France.*)

Champs sablonneux.

Gnaphalium luteo-album. L. (*Gnaphale jaunâtre, Immortelle des champs.*)

Lieux sablonneux et humides.

Gnaphalium sylvaticum. L. (*Gnaphale des bois.*)

Gnaphalium uliginosum. L. (*Gnaphale des marais.*)

Bidens tripartita. L. (*Bident à feuilles tripartites, Chanvre aquatique, Eupatoire bâtarde, Cornuet.*

Fossés, lieux aquatiques. En passant les fossés, ses graines s'attachent au pantalon et s'en ôtent difficilement.

Bidens cernua. L. (*Bident à fleurs penchées.*)

Helianthus annuus. L. (*Hélianthe annuel, Soleil, grand Soleil* ou *Tournesol.*)

Cultivé dans les jardins comme ornement et pour les graines qui servent à nourrir les perroquets, mais conviendraient aussi beaucoup à la volaille.

Helianthus tuberosus. L. (*Hélianthe tubéreux, Topinambour, Articdaud du Canada, Poire de terre.*)

Dans les jardins, se reproduit avec persistance.

Cultivé pour ses tubercules qui ont un peu la saveur de l'artichaud.

Achillea millefolium. L. (*Achillée millefeuilles* ou *Saignenez, Saignette, Sourcil de Vénus, herbe aux charpentiers, herbe aux coupures.*)

Bord des chemins, champs, prés, bois.

Employée surtout comme vulnéraire, par application de la plante pilée ou contusée.

Achillea Ptarmica. L. (*Achillée sternutatoire, Ptarmique commune, herbe à éternuer.*)

Prés humides ; plus rare.

Anthemis nobilis. L. (*Camomille romaine, Camomille noble.*)

Lieux secs ; une variété double se cultive dans les jardins pour usage médicinal.

Excitante, tonique, stomachique, antispasmodique. — Remède populaire contre les crampes d'estomac et la colique. — Employée aussi contre les fièvres intermittentes.

Anthemis arvensis. L. (*Camomile des champs, Œil de vache.*)

Champs, moissons.

Matricaria chamomilla. L; Pyrethrum Chamomilla. C. *Matricaire camomille, Pyrethre camomille, Matricaire.*)

Cultivée quelquefois dans les jardins sous le nom de camomille.

Comme elle, mais moins active, elle est aromatique, amère, tonique, stimulante.

Pyrethrum inodorum. Sm; Matricaria inodora. L; Chrysanthemum inodorum. L. (*Pyrethre, Matricaire* ou *Chrysanthème inodore.*)

Lieux secs, champs en friche.

A beaucoup de ressemblance avec la matricaire ou la camomille romaine, mais est presque sans odeur.

Chrysanthemum matricaria. P; Matricaria parthenium. L. (*Chrysanthème matricaire, Matricaire officinale.*)

Variété des jardins.

D'odeur forte et pénétrante, saveur trés-amère; tonique, stimulante, antispasmodique, elle a une certaine réputation contre les troubles des fonctions de la matrice.

Plusieurs chrysanthèmes, belles plantes d'ornement, sont cultivées dans les jardins.

Leucanthemum vulgare. Lam; Chrysanthemum Leucanthemum. L. (*Leucanthème commun, Chrysanthème Leucan-*

thème, grande Marguerite, grande Paquerette, grand Œil de bœuf.)

Prés, bois, lieux herbeux.

Tanacetum vulgare. L. (*Tanaisie commune, herbe amère, herbe aux vers, Tanacée, Barbotine, herbe de St-Marc.*)

Dans les jardins.

Amère, stimulante, vermifuge.

Artemisia vulgaris. L. (*Armoise commune, herbe de Saint-Jean.*)

Lieux incultes, bord des chemins.

Aromatique et amère, excitante, emménagogue, remède populaire, très-employé par les commères. On l'a réputée aussi anthystérique, fébrifuge et même antiépileptique.

Artemisia absinthium. L; Absinthium vulgare. G. (*Absinthe, Armoise absinthe, Armoise amère, Herbe Sainte.*)

Dans les jardins.

Très-amère, tonique, stimulante, stomachique, fébrifuge, vermifuge, emménagogue. On se sert aussi de sa décoction pour bassiner les plaies sanieuses.

Artemisia dracunculus. L. (*Armoise estragon.*)

Dans les jardins potagers, — cultivée sous le nom d'*estragon*, — condiment.

Senecio vulgaris. L. (*Séneçon commun.*)

Lieux cultivés, champs, jardins.

Sert à nourrir les petits oiseaux.

Senecio sylvaticus. L. (*Séneçon des bois.*)

Senecio Jacobœa. L. (*Séneçon, Herbe de Jacob, Fleur de Saint-Jacques, Herbe dorée.*)

Senecio aquaticus. H. (*Séneçon aquatique*) et Senecio erraticus. B.

Lieux aquatiques, prés humides, bord des rivières.

Senecio paludosus. L. (*Séneçon des marais.*)

Sur le bord des rivières, lieux marécageux, parmi les roseaux et les joncs.

Les enfants s'amusent avec sa tige creuse à en faire jaillir l'eau.

Bellis perennis. L. (*Paquerette vivace, Paquerette, petite Marguerite.*)

Pelouses, prairies, pâturages, bord des chemins ; — fleurit presque toute l'année.

Aster novi Belgii. L. (*Astère de la nouvelle Hollande.*)

Naturalisé, répandu au bord des rivières, de la Seille, de la Salle...

On cultive comme ornement l'Aster sinensis. L. (*Astère de Chine*) qui est la *Reine-Marguerite* à nombreuses variétés.

Solidago virga-anrea. L. (*Solidage verge d'or, Herbe des Juifs, grande verge dorée.*)

Très-commune, principalement dans les bois.

Solidago glabra. (*Solidage glâbre.*)

Bord des rivières, je l'ai récolté sur les coupures, contre la Seille.

Erigeron Canadensis. L. (*Vergerette du Canada.*)

Originaire du Canada ; s'est depuis son importation répandue partout à profusion, — bois, champs, terrains sablonneux...

Erigeron âcre. L. (*Vergerette âcre.*)

Lieux arides.

Tussilago farfara. L. (*Tussilage commun* ou *Pas d'âne.*)

Très abondant, — bord des chemins, surtout dans les terrains argileux et humides; parfois très multiplié (*Racine de peste.*)

On l'appelait autrefois *Filius ante patrem*, parce que les fleurs naissent avant les feuilles.

Le pas d'âne a été longtemps réputé contre les affections de poitrine. Les fleurs sont encore très-employées pour calmer la toux et faciliter l'expectoration dans les rhumes et catarrhes; elles entrent dans les *quatre fleurs pectorales.* Les feuilles pilées offrent un cataplasme émollient. Anciennement, on employait aussi la fumée de ses feuilles pour faciliter la respiration; on en fume même en guise de tabac.

Petasites vulgaris. D; Tussilago petasites. L. (*Petasite commun, Tussilage petasite, Chapelière, grand Pas d'âne.*)

Bord des eaux, lieux humides; — au Miroir, à Savigny-en-Revermont, Ratte, peut-être au voisinage de Louhans.

Petasites fragrans. G; Tussilago fragrans. V. (*Héliotrope d'hiver.*)

Cultivé dans les jardins.

Eupatorium Cannabinum. L. (*Eupatoire à feuilles de chanvre, Eupatoire chanvrin, Eupatoire des Arabes* ou *d'Avicenne, Herbe de Sainte-Cunégonde.*)

Lieux marécageux, bord des eaux, des fossés; — sans usage aujourd'hui.

3° Composées Chicoracées.

Cichorium Intybus. L. (*Chicorée sauvage, Chicorée amère.*)

Très-répandue le long des chemins, dans les champs. Sa racine et ses feuilles sont employées en infusions comme amères, toniques, dépuratives, contre les langueurs d'estomac, les altérations du sang et les maladies de la peau.

Torréfiée et pulvérisée, sa racine sert à renforcer le goût et à colorer l'infusion de café (chicorée-moka).

La culture maraîchère en fait des salades variées, *chicorée, barbe de capucin, escarole.*

Lampsana communis. L. (*Lampsane commune.*)

Bois, haies, bord des champs et chemins.

Employée par les gens de campagne contre les engorgements et gerçures des mamelles de leurs animaux, d'où le nom d'*herbe aux mamelles.*

Lampsana minima. Lamk ; Hyoseris minima. L ; Arnoseris pusilla. G. (*Lampsane, Hyoseride* ou *Arnoseride naine.*)

Lieux sablonneux et arides.

Hypochaeris radicata. L. (*Porcelle à longue racine,* vulgairement *Salade de porc.*)

Bord des chemins, prés, pâturages, — où l'on voit les porcs fouiller la terre pour dévorer sa racine.

Hypochaeris glabra. L. (*Porcelle glabre.*)

Lieux sablonneux, champs maigres et arides.

Leotondon hispidum. L. (*Liondent pispide.*)

Lieux incultes, bord des chemins, pâturages.

Leotondon autumnalis. L. (*Liondent d'automne.*)

Bord des chemins, prés, champs incultes.

Leotondon hastile. L. (*Liondent hampe.*)

Thrincia hirta. R; Leotondon hirtum. L. (*Thrincie* ou *Liondent hérissé.*)

Bord des chemins, lieux incultes.

Picris hieracioïdes. L. (*Picride fausse épervière.*)

Lieux incultes.

Scorzonera hispanica. L. (*Scorzonère d'Espagne, Scorzonère, Salsifis noir.*)

Cultivée pour sa racine comestible.

Scorzonera plantaginea. Schl.

Assez commun dans les prés humides.

C'est le *carnabeau* que les enfants vont manger dans les prés.

Tragopogon pratensis. L; (*Salsifis des prés,* appelé vulgairement *Barbe de bouc.*)

Pâturages, prairies humides.

Tragopogon porrifolius. L. (*Salsifis à feuilles de poireau.*)

Ne vient pas spontanément. C'est le *salsifis cultivé, salsifis commun,* ou *salsifis blanc,* cultivé pour sa racine blanchâtre, longue, charnue, de saveur douce et sucrée, comestible. Toutefois, on cultive plutôt ici le *scorzonère* ou *salsifis noir.*

Chondrilla juncea. L. (*Cdondrille effilée* ou *joncière.*)

Bord des chemins, bois, champs arides.

Taraxacum dens leonis. D; Leontodon taraxacum. L. (*Pissenlit* ou *Dent de lion.*)

Extrêmement répandu, prés, champs, bord des chemins, lieux secs, humides, partout.

On recueille les jeunes feuilles qui sont d'une amertume agréable pour les manger en salade.

Les vaches recherchent volontiers le pissenlit, il leur donne du bon lait et en abondance.

Amer, tonique, stomachique, diurétique, dépuratif, apéritif, fondant légèrement laxatif, dans les maladies de l'appareil digestif, du foie, de la rate, de l'utérus et dans les affections cutanées.

On emploie la racine et les feuilles quand elles sont devenues plus amères.

Lactuca sativa. L. (*Laitue cultivée.*)

Cultivée dans tous nos jardins potagers; plusieurs variétés. Salade saine et rafraîchissante; on la recommande aux personnes trop nerveuses pour les calmer et les inviter au sommeil.

La laitue est émolliente et sédative. Quand elle est montée et que la tige contient un suc laiteux, on en retire l'eau distillée très-employée dans les potions ou un extrait (thridace ou lactucarium) à propriétés calmantes.

Les feuilles s'appliquent soit en cataplasme, soit en décoction sur les ulcères douloureux, les plaies enflammées.

Sonchus Oleraceus. L. (*Laitron des lieux cultivés. Laitron commun,* appelée encore *Laitue de lièvre,* car il est très-recherché des lapins et des lièvres.)

Dans les lieux cultivés, les champs, les jardins, — très répandu.

Sonchus asper. V. (*Laitron rude.*)

Champs, bois, assez commun.

Sonchus arvensis. L. (*Laitron des champs.*)

Lieux cultivés, bord des champs.

Crepis taraxacifolia. G. (*Crépide à feuilles de pissenlit.*)

Prés.

* Crepis virens. V. (*Crépide verdâtre.*)

Prés secs, champs sablonneux, bord des chemins.

Hieracium Pilosella. L. (*Epervière Piloselle, Piloselle, Oreille de rat, de souris, Veluette.*)

Lieux stériles, bord des chemins.

Hieracium auricula. L. (*Epervière auricule,* appelée aussi *Oreille de souris.*)

Bord des fossés et des mares, pâturages un peu humides et sablonneux.

Hieracium murorum. L. (*Epervière des murs.*)

Bois ; je ne l'ai jamais vue sur les murs.

Hieracium umbellatum. L. (*Epervière en ombelle.*)

Bois, buissons.

54e FAMILLE. — AMBROSIACÉES.

Xanthium strumarium, L. (*Lampourde Glouteron, Glouteron, petite Bardane, Herbe aux Ecrouelles.*)

Lieux incultes, haies, bord des chemins, etc.

Sans usage. On lui attribue des vertus anti-dartreuses et même anti-rabiques.

55e FAMILLE — CAMPANULACÉES.

Jasione montana. L. (*Jasione de montagne.*)
Lieux secs et sablonneux,

Jasione perennis. Lm. (*Jasione vivace.*)

Phyteuma spicatum. L (*Raiponce à fleurs en épis.*)
Trés-commune dans les bois, haies.

Campanula glomerata. L. (*Campanule à fleurs agglomérées.*)
Lieux secs, prés, clairières.

Campanula patula. L. (*Campanule étalée.*)
Bois, le long des haies, des ruisseaux.

Campanula rapunculus. L. (*Campanule Raiponce.*)
Prés, lisières des bois, bord des fossés, des chemins.

Campanula rotundifolia. L. (*Campanule à feuilles rondes.*)
Lieux incultes, bord des chemins.

Campanula rapunculoïdes. D. (*Campanule fausse Raiponce.*)

Campanula Trachelium. L. (*Campanule gantelée, Gant de Notre-Dame, Herbe aux Trachées.*)
Bois, lieux couverts, herbeux.

Plusieurs espèces de campanules sont cultivées comme ornement dans les jardins.

Specularia speculum. G; Campanula speculum. L; Prismatocarpus speculum. D. (*Spéculaire Miroir, Campanule Miroir, Prismatocarpe Miroir,* connue vulgairement sous le nom de *Miroir de Vénus.*)

Très commune, lieux cultivés, moissons, champs.

On la cultive aussi comme plante d'ornement.

56e FAMILLE. — ERICINÉES.

Calluna vulgaris. Dc; Calluna erica. D; Erica vulgaris. L. (*Callune commune, Callune bruyère, Bruyère commune, Bruyère.*)

Bois, clairières, lisières des bois, terrains incultes.

On la cultive comme ornement dans les bosquets, les parterres.

57e FAMILLE. — PRIMULACÉES.

Primula officinalis. Jq. (*Primevère officinale, Coucou.*)

J'en ai rencontré quelques pieds; très rare autour de Louhans.

Primula elatior. J. (*Primevère élevée.*)

Prés et bois un peu humides.

Espèce confondue avec la première sous le nom de primula veris. L. (*Primevère du printemps.*)

Lysimachia vulgaris. L. (*Lysimaque commune, Corneille, Herbe aux Corneilles* ou *Chasse bosse.*)

Lieux humides, bord des eaux.

Lysimachia nummularia. (*Lysimaque nummulaire, Nummulaire, Herbe aux écus, Monnoyère.*)

Le long des fossés, lieux humides.

Lysimachia nemorum. L. (*Lysimaque des bois.*)

Hottonia palustris. L. (*Hottone des marais, Millefeuille aquatique, Plumeau.*)

Etangs, mares.

Anagallis arvensis. L. (*Mouron des champs.*) Comprend deux variétés différentes par la couleur : l'anagallis phœnicea. Lamk. (*Mouron rouge*) et l'anagallis cærulea. Lamk. (*Mouron bleu.*)

Lieux cultivés, champs.

Sans usage — a pourtant été préconisé contre les obstructions du foie, la goutte et même la rage.

58ᵉ FAMILLE. — OLÉACÉES.

Ligustrum vulgare. L. (*Troëne commun.*)

Prés, buissons, très commun.

Syringa vulgaris. L. (*Lilas.*)

Cultivé comme ornement, — bosquets, jardins.

Fraxinus excelsior. L. (*Frêne élevé, Frêne commun.*)

Dans les bois.

On emploie les feuilles de frêne en infusions et en applications topiques, contre la goutte et les rhumatismes.

59ᵉ FMILLE. — JASMINÉES.

Jasminum fruticans. L. et officinale. L. (*Jasmin.*)

A l'état cultivé comme ornement dans les jardins.

60e FAMILLE. — APOCYNÉES.

Vinca minor. L. (*Pervenche à petites fleurs, petite Pervenche, Violette des sorciers, Pucelage.*)

Haies, bois ; — cultivée aussi comme ornement dans les jardins.

Très-employée en infusions pour faire passer le lait des nourrices. — Contuse, on l'applique sur les plaies et les meurtrissures.

Vinca major. L. (*Pervenche à grandes fleurs, grande pervenche.*)

Dans les jardins où on la cultive comme ornement. Mêmes propriétés que la précédente.

61e FAMILLE. — ASCLEPIADÉES.

Vincetoxicum officinale. Mœnch ; Asclepias vincetoxicum. L. (*Dompte venin officinal, Asclépiade dompte venin.*)

Taillis, bois.

Vénéneuse, inusitée ; on l'a employée autrefois contre la morsure des chiens enragés.

62e FAMILLE. — GENTIANÉES.

Erythræa centaurium. Pers. (*Erythrée centaurée, Chironie centaurée, petite centaurée, Herbe au centaure, Herbe à Chiron, Herbe à la fièvre.*)

Bois, pâturages.

Les sommités fleuries sont employées en infusions comme

amères, toniques, stomachiques, fébrifuges; c'est un de nos meilleurs amers.

Erythræa pulchella. F; Chironia pulchella. W. (*Erythrée élégante, Chironie élégante.*)

Pâturages humides.

Mêmes usages que la précédente.

Menianthes trifoliata. L. (*Ménianthe trifolié, Trèfle d'eau.*)

Etangs, lieux marécageux.

Amer, tonique, fébrifuge.

Villarsia nymphoïdes. V; Menianthes nymphoïdes. L. (*Villarsie ou Ménianthe, faux Nénuphar, faux Nénuphar, Nympdéau.*)

Bord des rivières, marais.

Cicendia pusilla. G; Exacum pusillum. Dc. (*Cicendie fluette.*)

Marécages.

63e FAMILLE. — CONVOLVULACÉES.

Convolvulus arvensis. L. (*Liseron des champs, petite Vrillée.*)

Champs, blés, bord des chemins.

On cultive comme ornement sous le nom de *volubilis* diverses espèces de *convolvulus*.

Convolvulus sepium. L. (*Liseron des haies, grand Liseron, Mauchette de la Vierge.*)

Haies, buissons.

64e FAMILLE. — CUSCUTACÉES.

Cuscuta minor. Dc. (*Petite Cuscute.*)

Plante parasite, nuisible, à détruire; c'est la *barbe de moine*, les *cheveux de Vénus*, *rache*, *teigne*.

65e FAMILLE. — BORRAGINÉES.

Borrago officinalis. L. (*Bourrache officinale.*)

Cultivée, — très commune dans les jardins.

Très-employée, adoucissante, pectorale, sudorifique et légèrement diurétique. Son infusion est un remède populaire au début des maladies de refroidissement, bronchites, rhumatismes, et des fièvres éruptives.

Lycopsis arvensis. L. (*Lycopside des champs.*)

Bord des chemins, champs, terrains secs.

Symphytum officinale. L. (*Consoude officinale, grande consoude, Oreilles d'âne ou de vache, Langue de vache.*)

Lieux humides, bord des eaux; très commune dans les jardins.

On emploie ses feuilles et surtout sa racine comme mucilagineuses, adoucissantes, émollientes, et légèrement astringentes.

Myosotis palustris. W. (*Myosote des marais.*)

Lieux humides, fossés.

Cultivée comme ornement sous le nom de *ne m'oubliez pas*.

Myosotis intermedia. Link. (*Myosote intermédiaire.*)

Champs, bois secs, clairières.

Myosotis hispida. Sch; (*Myosote hispide.*)
Champs, bord des chemins, lieux sablonneux.

Myosotis versicolor. P. (*Myosote à fleurs changeantes.*)
Champs, bord des chemins, lieux sablonneux.

Pulmonaria augustifolia. L. ou tuberosa. Sch. (*Pulmonaire tubéreuse.*)
Bois, buissons, lieux ombragés.

Echium vulgare. L. (*Vipérine commune.*)
Champs, lieux incultes, bord des chemins.
Employée jadis contre les morsures de serpent.

Lithospermum arvense. L. (*Grémil des champs.*)
Moissons, bord des chemins.

Omphalodes verna. M; Cynoglossum omphalodes. L. (*Omphalode printanier, Cynoglosse omphalode, Myosotis des jardins, petite bourrache.*)
Cultivé, — pour ornement.

66e FMILLE. — SOLANÉES.

Solanum tuberosum. L. (*Morelle tubéreuse, Pomme de terre, Parmentière.*)
Cultivée en grand. — Nombreuses variétés, alimentaire. — La pulpe de pomme de terre crue est un remède populaire contre les brûlures; bouillie, on en fait des cataplasmes émollients.

Solanum dulcamara. L. (*Morelle douce-amère, Douce-amère, Morelle grimpante, Vigne de Judée.*)
Buissons, haies, bord des eaux.

Ses jeunes tiges sont très-employées en décoction comme dépuratives, sudorifiques, dans les affections dartreuses, rhumatismales.... et dans la catarrhe pulmonaire chronique.

Solanum nigrum. L. *(Morelle noire, Morelle, Raisin de loup.)*

Pied des murs, lieux cultivés, jardins.

On emploie beaucoup sa décoction comme calmante en lotions sur les parties enflammées et douloureuses, en lavements, en injections.

Lycopersicum esculentum. D; Solanum lycopersicum. L. (*Tomate.*)

Cultivée dans les jardins potagers, — assaisonnement.

Physalis alkekengi. L. (*Physalide alkékenge, herbe à cloques, Coqueret, Alkékenge.*)

Dans les jardins; ses baies appelées vulgairement *cerises d'hiver* sont diurétiques.

Capsicum annuum. L. (*Piment, Poivre long.*)

Cultivé dans les jardins, — condiment.

Datura stramonium. L. (*Datura stramoine, Stramoine, Pomme épineuse, Endormie, Herbe aux sorciers* ou *des magiciens, Herbe* ou *Pomme du Diable, Chasse taupe.*)

Lieux incultes, champs, décombres.

Vénéneuse, médicamenteuse.

Plusieurs datura sont cultivés comme ornement dans les jardins.

Nicotiana tabacum. L. (*Tabac.*)

Dans quelques jardins.

Hyosciamus niger. L. (*Jusquiame noire.*)

Bord des chemins, autour des habitations, décombres, le long des fumiers, — assez rare.

Vénéneuse, médicamenteuse.

67e FAMILLE. — VERBASCÉES.

Verbascum Thapsus. L. (*Molène bouillon blanc, Bouillon blanc, Molène, Bon homme, Cierge de Notre-Dame, Fleur de grand chandelier.*)

Bord des chemins, jardins, — très-commune.

Ses fleurs qui font partie des *quatre fleurs pectorales* sont employées en infusions comme adoucissantes et béchiques, contre le rhume, les tranchées, la dysurie; ses feuilles comme émollientes en cataplasmes.

Verbascum Blattaria. L. (*Molène Blattaire.*)

Plus rare, — bord des chemins, lieux herbeux.

68e FAMILLE. — SCROPHULARIÉES.

Veronica hederæfolia. L. (*Véronique à feuilles de lierre.*)

Commune, lieux cultivés, bord des chemins.

Veronica agrestis. L. (*Véronique rustique.*)

Veronica arvensis. L. (*Véronique des champs.*)

Très-commune, — lieux cultivés, bord des chemins, prés.

Veronica acinifolia. L. (*Véronique à feuilles de thym.*)

Champs, lieux cultivés.

Veronica triphyllos. L. (*Véronique à feuilles trilobées.*)

Champs sablonneux, blés, bord des chemins, vieux murs.

Veronica serpyllifolia. L. (*Véronique à feuilles de serpolet.*

Fossés, lieux humides.

Veronica Beccabunga. L. (*Véronique Beccabunga, Cresson de chien, Salade de chouette,* plus connue ici sous le nom de *Cresson de cheval.*)

Très-commune, — fossés, ruisseaux, fontaines, lieux marécageux.

Amère, un peu âcre et légèrement excitante. Très-employée par les gens de campagne en décoction, contre les maladies des bestiaux, le tai des vaches.

Veronica anagallis. L. (*Véronique mouron, Mouron d'eau.*)

Fossés, ruisseaux, lieux marécageux.

Veronica scutellata. L. (*Véronique à écussons.*)

Fossés, lieux marécageux, bord des étangs.

Veronica officinalis. L. (*Véronique officinale, Véronique mâle, Thé d'Europe.*)

Commune dans les bois, les champs, sur les douves.

D'un goût légèrement amer et aromatique, vantée contre les maladies chroniques de poitrine, les hémorrhagies, les maladies de la peau, et comme vulnéraire; peu employée aujourd'hui.

Veronica montana. L. (*Véronique de montagne.*)

Lieux ombragés.

Veronica chamædris. L. (*Véronique petit-chêne.*)

Le long des haies, chemins, dans les bois.

Cultivée dans les jardins sous le nom de *plus je vous vois plus je vous aime.*

Scrophularia nodosa. L. (*Scrophulaire à racine noueuse, Herbe aux écrouelles.*)

Lieux couverts, bois humides, bord des eaux.

Acre; employée contre les écrouelles, dont elle avait la réputation de dissiper, en les échauffant, les tumeurs et les foyers indolents. Inusitée aujourd'hui.

Scrophularia aquatica. L. (*Scrophulaire aquatique, Benoîte d'eau.*)

Lieux humides, fossés, bord des rivières.

Gratiola officinalis. L. (*Gratiole officinale, Herbe au pauvre homme.*)

Prés humides, fossés, bord des eaux, çà et là.

Purgatif énergique. Les gens de campagne en faisaient quelquefois usage.

Digitalis purpurea. L. (*Digitale pourprée, grande Digitale, Gantelée, Doigtier, Doigt de la Vierge, Gant de Notre-Dame.*)

Dans les jardins, cultivée pour ses fleurs. Vénéneuse, médicamenteuse.

Antirrhinum majus. L. (*Muflier à grandes fleurs, Muflier, Mufle de veau, Gueule de lion* ou *Gueule de loup.*)

Cultivée dans les jardins. Tous les mufliers sont suspects.

Linaria minor. D. (*Linaire naine.*)

Lieux secs, sablonneux, bord des chemins.

Linaria Pelisseriana. Dc. (*Linaire de Pelissier.*)

Linaria vulgaris. M; Antirrhinum linaria. (*Linaire commune, Muflier Linaire.*)

Champs sablonneux, bord des chemins, des rivières.

Linaria cymbalaria. M. (*Linaire cymbalaire*, appelée vulgairement *Ruines de Rome, Ruines de Jérusalem.*)

Fente des vieux murs humides.

Linaria spuria. M. (*Linaire bâtarde, Velvotte.*)

Lieux cultivés, champs en friche.

Linaria elatine. D. (*Linaire élatine, Elatine.*)

Lieux cultivés, moissons.

Pedicularis sylvatica. L. (*Pediculaire des bois, Herbe aux poux.*)

Lieux ombragés, humides, bois.

Pedicularis palustris. L. (*Pédiculaire des marais.*)

Les pédiculaires sont d'odeur désagréable; inusités aujourd'hui.

Rhinanthus major. Ehrh. (*Rhinanthe à grandes fleurs, Crête de coq* ou *Cocriste.*)

Lieux herbeux, prés humides; mauvaise plante.

Rhinanthus hirsuta. F. (*Rhinanthe hérissée.*)

Espèce qui peut se confondre avec la précédente.

Melampyrum pratense. L. ou vulgatum. P. (*Mélampyre des prés, Mélampyre commun.*)

Prés, mais surtout dans les bois.

Melampyrum arvense. L. (*Mélampyre des champs, Blé de vache, Herbe à la vache, Rougerole, Quèue de renard.*)

Moissons, champs ; les vaches en sont très-friandes.

Euphrasia officinalis. L (*Euphraise officinale.*)

Prés, bois, bord des chemins.

Employée jadis en collyre pour les maux d'yeux.

Euphrasia odontides. L. (*Euphraise à feuilles dentées.*)

Champs.

Lindernia pyxidaria. All.

Queue des étangs, Branges.

Limosella aquatica. L. (*Limoselle aquatique.*)

Lieux humides, fangeux.

69e FAMILLE. — OROBANCHÉES.

Orobanche rapum. Th. (*Orobanche rave.*)

Croît sur les racines des plantes, du genêt à balai, aux dépens de qui elle vit.

Orobanche ou Phelipœa ramosa. Mey. (*Orobanche ou Phélipea rameuse.*)

Parasite très-commun sur le chanvre, — cause en certains pays de grands dégâts dans les chenevières.

70e FAMILLE. — UTRICULARIÉES.

Utricularia vulgaris. L. (*Utriculaire commune.*)

Fossés, mares, étangs.

71e FAMILLE. — LABIÉES.

Lavandula vera. Dc. (*Lavande commune* ou *officinale*)

N'existe que dans les jardins.

D'odeur forte, pénétrante, agréable.

Stimulante, aromatique, cordiale, stomachique ; on donne les fleurs en infusion ; on les emploie aussi en cataplasmes, en sachets résolutifs, en bains aromatiques, mais on en fait surtout des eaux pour la toilette. Dans les ménages, on en met dans les garde-robes pour les préserver des mites.

Avec la *lavande spic* (lavandula spica. Dc.) qu'on peut cultiver dans les jardins. On fait dans le midi l'essence de lavande ou huile d'aspic, fréquemment usitée en vétérinaire.

Ocymum basilicum. L. (*Basilic commun.*)

Plante des jardins.

On emploie les feuilles en cuisine comme condiment et aromate.

Mentha rotundifolia. L. (*Menthe à feuilles rondes, Baume* ou *Menthe sauvage.*)

Lieux humides, le long des fossés, bord des chemins.

Mentha sylvestris. L. (*Menthe sauvage, baume sauvage*).

Lieux humides, bord des ruisseaux, fossés, chemins.

Mentha viridis. L. (*Menthe verte, Baume vert.*)

Cultivée dans les jardins.

Mentha piperita. L. (*Menthe poivrée.*)

Plante des jardins.

D'odeur pénétrante et suave, saveur poivrée laissant après elle une sensation de froid dans la bouche.

D'un fréquent usage pour les confiseurs et liquoristes.

Très-employée comme stomachique, carminative, cordiale, stimulante, antispasmodique, (infusions, eau, alcoolat, sirop, essence, pastilles.)

Très-utilement conseillée contre l'obstruction des viscères, les catarrhes, les tremblements nerveux.

Ses infusions sont d'un usage vulgaire contre les indigestions, la colique, la diarrhée; les nourrices en prennent pour faire *passer* leur lait,

Elle sert aussi à l'extérieur comme résolutif, excitant..., en cataplasmes, lotions.

Mentha aquatica. L. (*Menthe aquatique.*)

Bord des eaux, lieux humides et marécageux.

Mentha arvensis. L. (*Menthe des champs.*)

Lieux humides, champs, bord des fossés, des chemins.

Mentha pulegium. L. (*Menthe pouliot, Pouliot commun.*)

Champs humides, bord des fossés.

Stomachique, cordiale, antispasmodique comme les autres menthes, emménagogue, antigoutteuse.

Très-aromatique, elle a le don de chasser les puces.

Lycopus Europæus. L. (*Lycope d'Europe, Pied de loup, Marrube d'eau, Chanvre d'eau, Lance du Christ.*)

Bord des fossés, lieux marécageux.

Rosmarinus officinalis. L. (*Romarin officinal.*)

Seulement dans les jardins, — cultivé comme plante aromatique et médicinale.

Entre dans les espèces aromatiques. Ses sommités fleuries

sont employées en infusions comme stimulantes, carminatives et légèrement antispasmodiques.

Salvia officinalis. L. (*Sauge officinale.*)

N'existe que dans les jardins où on cultive plusieurs variétés, entre autres la *petite sauge.*

Plante célèbre dès l'antiquité. C'est *l'herbe sacrée* des Latins. C'est un thé d'Europe, et les Chinois s'en servent en guise du thé que nous allons leur demander.

Tonique, stomachique, stimulante, diaphorétique, antilaiteuse, anticatarrhale. On l'emploie surtout en infusion de feuilles ou de sommités fleuries ; on a dit qu'elle rendait les femmes fécondes.

On l'emploie aussi en sachets, en fomentations vineuses sur les engorgements. — On met les feuilles dans les ragoûts ; on les a même fumées en guise de tabac.

Salvia sclarea. L. (*Sauge sclarée, Sclarée, Orvale, Toute-bonne.*)

Cultivée aussi dans quelques jardins, mais employée surtout pour la médecine du bétail.

On l'a employée pour aromatiser les gelées de fruits, elle leur donne une odeur d'ananas.

Origanum vulgare. L. (*Origan commun.*)

Je l'ai trouvé du côté de Cuiseaux, mais pas ici; — lieux montagneux.

Thymus serpyllum. L. (*Thym serpolet,* nommé aussi *thym sauvage* ou *thym bâtard, Serpolet.*)

Terrains secs, pelouses, jardins.

Excitant, aromatique — en infusions pour les maux d'estomac, l'hypocondrie, la mélancolie, les catarrhes chroniques, les états de débilité..., pour dissiper les maux de tête produits par l'ivresse. On en prépare des bains toniques et fortifiants, des fomentations stimulantes et résolutives.

Hysopus officinalis. L. (*Hysope officinal.*)

Dans les jardins, cultivé.

C'est l'*Esobh* ou *herbe sacrée des Hébreux.*

Très-employé en infusion; stimulant, aromatique, stomachique, béchique, expectorant. Utile dans les catarrhes; on s'en sert aussi en gargarisme dans les angines.

Satureia hortensis. L. (*Sarriette des jardins.*)

Dans les jardins, cultivée.

Aromatique, excitante, — condiment; c'est le *pilleux.*

Clinopodium vulgare. L. (*Clinopode commun.*)

Bord des bois, haies, buissons.

Melissa officinalis. L. (*Mélisse officinale.*)

Cultivée dans les jardins.

Employée en infusion. Excitante, stomachique, cordiale, digestive, tonique et carminative, vulnéraire et légèrement antispasmodique.

Nepeta cataria L. (*Népète cataire, Chataire* ou *Herbe des chats.*)

D'une odeur pénétrante pour laquelle les chats ont une prédilection particulière.

Glechoma hederacea L. (*Gléchome lierre terrestre, Népète gléchome, Rondotte* ou *Rondelotte, Lierre terrestre.*)

En abondance dans les lieux ombragés et humides, le long des haies, parmi les buissons.

D'odeur aromatique assez agréable, légèrement excitante

et tonique ; d'un usage journalier comme pectorale, en infusions.

Lamium album. L. (*Lamier à fleurs blanches, Ortie blanche.*)
Le long des haies, sur le bord des chemins, fossés.

On l'employait autrefois contre les scrofules; inusitée aujourd'hui.

Lamium maculatum. L. (*Lamier à fleurs tachées.*)
Haies, fossés.

Lamium amplexicaule. L. (*Lamier embrassant.*)
Lieux cultivés, bord des chemins.

Lamium incisum. W. (*Lamier découpé, Lamier à feuilles incisées, Lamier bâtard.*)

Lamium purpureum. L. (*Lamier à fleurs purpurines, Ortie rouge.*)

Galeopsis tetrahit. L. (*Galéope tétrahit, Tétrahit noueux, Ortie chanvre, Ortie épineuse.*)
Haies, lieux frais.

Galeopsis ladanum. L. (*Galéope ladane.*)

Galeopsis ochroleuca. Lam. (*Galéope à fleurs jaunes.*)
Lieux incultes, moissons.

Galeobdolon luteum. H; Lamium galeobdolon. C. (*Galeobdolon jaune* ou *Lamier galeobdolon, Ortie jaune.*)
Lieux couverts, bois.

Stachys germanica. L. (*Epiaire d'Allemagne.*)
A Saint-Bonnet-en-Bresse. — Je ne l'ai pas trouvé aux environs de Louhans.

Stachys lanata. J. (*Epiaire laineuse.*)

Dans les jardins, cultivée.

Stachys sylvatica. L. (*Epiaire des bois, Ortie fétide.*)

Lieux couverts, bois, buissons.

Stachys palustris. L. (*Epiaire des marais, Ortie morte.*)

Stachys arvensis. L. (*Epiaire des champs.*)

Betonica officinale. L. (*Bétoine officinale.*)

Ses feuilles réduites en poudre étaient autrefois employées comme sternutatoires. On en a même fumé à la manière du tabac.

Ballota fœtida. Lamk. (*Ballote fétide, Ballote noire, Ballote, Marrube noir, Marrube fétide.*)

Très abondant, n'est pas employé, — serait tonique, excitant comme le marrube blanc.

Brunella vulgaris. Mœnch. (*Brunelle commune.*)

Prés, bois, bord des chemins.

Scutellaria galericulata. L. (*Scutellaire toque, Scutellaire commune, Toque bleue* ou *Toque tertianaire,* parce qu'on l'employait autrefois dans les fièvres tierces.)

Lieux humides, prés marécageux.

Scutellaria minor. L. (*Scutellaire naine.*)

Ajuga reptans. L. (*Bugle rampante.*)

Lieux ombragés.

Autrefois réputée béchique, vulnéraire, hémostatique.

Teucrium scorodonia. L. (*Germandrée sauvage, Germandrée des bois, Baume sauvage ou Sauge des bois.*)

Bois, clairières.

Le Teucrium chamœdris. L. (*Germandrée, Petit-Chêne* ou *Chasse fièvre*) n'existe pas ici, mait est commun du côté de Cuiseaux, Cousance; ses sommités fleuries en infusion sont amères, toniques, stomachiques, fébrifuges.

72e FAMILLE. — VERBENACÉES.

Verbena officinalis. L. (*Verveine officinale, Verveine sacrée.*)

Très-répandue, — champs, bord des chemins.

C'était pour les anciens l'herbe sacrée qne les druides ne cueillaient qu'avec une truelle d'or et qui passait pour avoir la propriété magique d'exciter l'amour et de produire des enchantements.

Autrefois fort employée en médecine (*guérit tout, herbe à tous les maux*), elle est inusitée aujourd'hui, si ce n'est chez les gens de campagne qui la considèrent comme astringente, résolutive et vulnéraire. Ils l'appliquent sous forme de cataplasme pour résoudre les engorgements; ils croient qu'elle attire le sang en dehors, mais c'est le suc rougeâtre de la plante qui teint le linge et leur en impose. Ils l'emploient aussi en faisant bouillir les feuilles avec du vinaigre et les appliquant ensuite sur le point douloureux dans la pleurésie.

Plusieurs espèces de verveines sont cultivées dans les jardins.

73e FAMILLE. — PLANTAGINÉES.

Plantago major. L. (*Plantain à grandes feuilles.*)

Très-abondant, bord des chemins, prés.

Ses graines servent à nourrir les petits oiseaux. On fait avec cette plante une eau pour les yeux.

Plantago media. L. (*Plantain moyen, Langue d'agneau, Plantain blanc.*)

Bord des chemins, prairies.

Plantago lanceolata. L. (*Plantain à feuilles lancéolées, Herbe à cinq côtes.*)

Bord des chemins, prairies, lieux herbeux.

Plantago arenaria. G. (*Plantain des sables.*)

Littorella lacustris. L. (*Littorelle des étangs.*)

Commune dans les étangs.

74e FAMILLE. — PLUMBAGINÉES.

Armeria plantaginea. W. (*Armérie à feuilles de plantain, décrite aussi sous le nom de statice à feuilles de plantain.*)

Terrains sablonneux.

Une armeria est cultivée sous le nom de *gazon d'Olympe* pour bordures.

On a signalé la décoction de cette plante comme un puissant diurétique.

75e FAMILLE — AMARANTACÉES.

Amarantus retroflexus. L. ou Spicatus. Lamk. (*Amarante réfléchie, Amarante en épi.*)

Çà et là, — champs, lieux cultivés, au pied des murs, décombres.

Amarantus sylvestris. D. (*Amarante sauvage.*)

Décombres, bord des chemins.

Amarantus sanguineus. L. (*Amarante sanguine.*)

Cultivée dans les jardins.

Amarantus caudatus. L. (*Amarante à queue de renard, Crète de coq.*)

Cultivée partout dans les jardins.

76e FAMILLE. — CHÉNOPODÉES.

Chenopodium urbicum. L. (*Ansérine des rues.*)

Autour des habitations, rues des villages.

Chenopodium vulvaria L. (*Ansérine fétide, Vulvaire.*)

Bord des chemins, pied des murs.

Atriplex hortensis. L. (*Arroche des jardins, bonne Dame ou belle Dame.*)

Cultivée, mais en petite quantité.

Potagère comme les épinards.

Atriplex patula. L. ou latifolia. W. (*Arroche à rameaux étalés, Arroche à larges feuilles.*)

Beta vulgaris. L. (*Bette commune.*)

Cultivée. — Fournit deux variétés, la *bette carde* ou *poirée* (beta cycla. L.) dont on mange les côtes, et la *betterave* (beta rapacea. L.) cultivée en grand.

Spinacia oleracea. L. (*Epinard.*)

Cultivé, plante potagère.

77e FAMILLE. — POLYGONÉES.

Polygonum convolvulus. L. (*Renouée liseron, faux Liseron* ou *Vrillée bâtarde.*)

Champs, moissons.

Polygonum aviculare. L. (*Renouée des petits oiseaux, Trainasse, Tirasse, Centinode, Herbe aux panaris.*)

Champs secs, lieux incultes, allées des jardins.

Polygonum amphibium. L. (*Renouée amphibie.*)

Lieux marécageux, fossés, étangs, bord des rivières.

Polygonum lapathifolium. L. (*Renouée à feuilles de patience.*)

Bord des mares, des rivières.

Polygonum persicaria. L. (*Renouée persicaire, Persicaire*).

Lieux humides, — réputée vulnéraire.

Polygonum Hydropiper. L. (*Renouée poivre d'eau, Renouée âcre, Persicaire brûlante,* plus connue sous le nom de *Poivre d'eau.*

Lieux humides et marécageux.

Polygonum mite. Sch. (*Renouée insipide.*)

Lieux humides et sablonneux, bord des fossés, des rivières.

Polygonum orientale. L. (*Renouée du Levant.*)

Cultivée dans les jardins pour ses fleurs sous le nom de *Persicaire d'Orient, Bâton St-Jean, Monte-au-ciel, Cordon de cardinal.*)

Polygonum fagopyrum. L; Fagopyrum vulgare. N. ou esculentum. M (*Sarrasin commun, Blé noir.*)

Cultivé en grand, — plante alimentaire.

Rumex acetosa. L. (*Rumex oseille, Oseille des prés, Surelle.*)

Prés...; très-commune, cultivée dans les potagers.

L'oseille des jardins est acidule, rafraîchissante, favorise la liberté du ventre. Elle fait la base du *bouillon aux herbes* qui est l'adjuvant obligé de toutes les purgations. Elle entre aussi dans les jus d'herbe et est réputée diurétique et antiscorbutique.

Les feuilles d'oseille cuites sont appliquées sur les abcès comme cataplasme maturatif.

Rumex acetosella. L. (*Rumex petite Oseille.*)

Champs sablonneux, prés secs, bord des chemins, clairières des bois.

Rumex crispus. L. (*Rumex à feuilles crépues.*)

Terrains humides, prés, fossés.

Rumex patientia. L. (*Rumex patience, Patience.*)

Cultivée, peu commune.

La décoction de sa racine est réputée tonique, apéritive, sudorifique, dépurative, antiscorbutique: c'est une tisane très employée dans les affections de la peau.

Rumex hydrolapathum. L. (*Rumex des rivières, Patience aquatique.*)

Bord des rivières, étangs.

Mêmes qualités que la patience ; également employée. On mâche sa racine pour calmer les douleurs de dent.

Rumex pratensis. L. (*Rumex des prés.*)

78e FAMILLE. — THYMÉLÉES.

Passerina annua. Sp ; Stellera passerina. L. (*Passerine annuelle, Stellère passerine, Passerine stellère.*)

Champs maigres, terres arides.

Les petits oiseaux sont avides de ses graines.

79e FAMILLE. — LAURINÉES.

Laurus nobilis. L. (*Laurier d'Apollon, Laurier des poëtes, Laurier franc, Laurier commun.*)

Cultivé dans les jardins pour ses feuilles très-aromatiques employées en cuisine sous le nom de *laurier-sauce*.

On emploie l'infusion de feuilles de laurier en compresses sur les ecchymoses, plaies blafardes, en bains pour les enfants débiles.

Diverses préparations sont très-usitées en médecine vétérinaire.

80e FAMILLE. — EUPHORBIACÉES.

Euphorbia sylvatica. J ; Euphorbia amygdaloïdes. L. (*Euphorbe des bois, Euphorbe à feuilles d'amandier.*)

Haies, bois.

Euphorbia Esula. L. (*Euphorbe Esule.*)

Lieux secs, bord des chemins.

Euphorbia Cyparissias. L. (*Euphorbe cyprès.*)

Lieux incultes, bord des chemins.

C'est comme purgatif une euphorbe assez active, ce qui lui a valu le nom de *Rhubarbe des paysans*.

Euphorbia exigua. L. (*Euphorbe fluet.*)

Champs.

Euphorbia palustris. L. (*Euphorbe des marais.*)

Prés humides, marais, bord des eaux.

Euphorbia helioscopia. L. (*Euphorbe réveille-matin.*)

Commune, — dans les lieux cultivés, les jardins.

Le suc des euphorbes est très-âcre, très-irritant; on l'appelle ici *lait de serpent*.

C'est un purgatif violent ainsi que les graines, d'usage dangereux. Les gens de campagne se sont purgés parfois en avalant 8 ou 10 graines d'euphorbe.

A l'extérieur, topique très irritant; la poudre incorporée à la poix de Bourgogne fait un emplâtre rubéfiant.

Buxus semper virens. L. (*Buis toujours vert, Buis.*)

Cultivé comme ornement pour les bordures.

Amer et nauséeux; on accuse les brasseurs de remplacer parfois les houblons par le buis.

Ricinus communis. L. (*Ricin.*)

Cultivé dans quelques jardins comme plante d'ornement.

Médicinal, — purgatif (huile de ricin.)

On a conseillé les applications de feuilles de ricin sur les mamelles pour provoquer l'éruption mensuelle.

Mercurialis annua. L. (*Mercuriale annuelle, Foirole, Foirande.*)

Lieux cultivés, mauvaise herbe très répandue dans les jardins.

Médicinale, laxative.

81e FAMILLE. — URTICÉES.

Urtica dioïca. L. (*Ortie dioïque, grande Ortie.*)

Haies, buissons, bord des chemins, autour des habitations, pied des murs, décombres.

Plus grande que l'ortie brûlante, aussi on la préfère pour l'urtication, quoique moins rubéfiante.

Les vaches, les chèvres l'aiment beaucoup, surtout quand elle est à demi-fanée ; elle augmente la quantité et la qualité de leur lait.

Urtica urens. L. (*Ortie brûlante, petite Ortie, Ortie grièche.*)

Bord des chemins, le long des murs, lieux cultivés, mauvaise herbe très-répandue dans les jardins.

On s'en sert aussi pour l'urtication ; on cherche à ranimer les fonctions en fouettant les membres atteints de paralysie rhumatismale ou hystérique.

Parietaria officinalis. L. (*Pariétaire officinale, Casse-pierre, Perce-muraille, Herbe aux murailles, Herbe de Notre-Dame.*)

Au pied des murs et dans leurs fissures, sur les vieilles murailles humides.

Emolliente, adoucissante, rafraîchissante, diurétique ; dans les hydropisies, les affections des voies urinaires.

Parietaria diffusa. M. K. (*Pariétaire diffuse.*)
Vieux murs, décombres.

82e FAMILLE — CANNABINÉES.

Cannabis sativa. L. (*Chanvre cultivé.*)

A l'état cultivé — quelques sillons dans chaque ferme. — Plante textile.

Les semences ou chènevis servent à la nourriture des oiseaux de volière; en émulsion, elles composent une boisson rafraîchissante.

Humulus lupulus. L. *Houblon grimpant, Houblon.*)
Buissons.

Amer, tonique, apéritif, stomachique, antiscrofuleux, employé en infusions. Sédatif; on remplit des oreillers de cônes de houblon en guise de plume ou de crin pour les personnes atteintes d'insomnie.

83e FAMILLE. — JUGLANDÉES.

Juglans regia. L. (*Noyer commun.*)

Cultivé, alimentaire.

Avec le brou on fait l'eau de noix, stomachique très-populaire.

Les feuilles sont employées en infusions contre la scrofule, la chlorose, la leucorrhée.

84e FAMILLE. — ULMACÉES.

Ulmus campestris. L. (*Orme champêtre, Orme, Ormeau.*)
Çà et là.

Son écorce a été vantée contre les maladies de la peau, dartres, scrofules. Mais c'est surtout à l'extérieur qu'on l'emploie vulgairement : décoction de sa seconde écorce sur les croûtes lépreuses, brûlures,

85e FAMILLE. — QUERCINÉES ou CUPULIFÈRES.

Fagus sylvatica. L. (*Hêtre des forêts, Foyard.*)

Forêts, — porte des fruits qu'on appelle faînes, dont les porcs sont très-friands, mais que l'homme fera bien de ne pas manger en trop grande quantité.

Castanea vulgaris. Lamk. (*Châtaigner.*)

N'existe pas ici, mais du côté de Cuiseaux, où il est cultivé pour ses fruits, châtaignes, et par la culture, marrons. J'en ai vu deux dans les bois de Bruailles.

Quercus pedunculata. Ehr. (*Chêne à fruits pedonculés, Chêne commun.*)

Plus élevé que le

Quercus sessiliflora. Sm. longtemps confondu avec le q. pedunculata, sous le nom de Quercus robur. L. (*Chêne à fleurs sessiles, Chêne rouvre, Chêne commun à glands sessiles.*)

Très-communs, bois, buissons.

Leur écorce sert à préparer le *tan*, — astringent très-employé. La décoction s'emploie en gargarismes, en injections, en lotions.

Les glands ont été vantés contre les scrofules. On en fait le café de gland, stomachique moins excitant que le café pour les enfants délicats et maladifs.

Corylus avellana. L. (*Coudrier avelinier, Noisettier commun.*)

Bois, haies, buissons.

Donne par la culture plusieurs variétés.

Les *noisettes* ou *avelines* très-bonnes à manger peuvent servir aussi comme les amandes, les noix à faire une émulsion agréable, adoucissante et rafraîchissante.

Carpinus betulus. L. (*Charme commun.*)

Bois, — cultivé aussi comme ornement. On en fait ces haies, palissades, tonnelles de verdure connues sous le nom de *charmilles.*

86e FAMILLE. — SALICINÉES.

Salix alba. L. (*Saule blanc, Saule commun.*

Très-commun, bord des prés, des eaux... etc.

Son écorce est astringente, amère, fébrifuge.

Salix vitellina. L. (*Saule jaune, Osier jaune.*

Cultivé.

Salix triandra. L; Saliy amgydalina. L. (*Saule à trois étamines, Saule à feuilles d'amandier,* appelé encore *osier brun.*)

Bord des ruisseaux, rivières,

Salix babylonica. L. (*Saule de Babylone* ou *du Levant, Saule pleureur.*)

Cultivé dans les jardins.

Salix purpurea. L. ou Monandra. H. (*Saule pourpre, Saule à une étamine,* appelé encore *Osier rouge* ou *Osier franc.*)

Commun, bord des eaux... etc.

Salix caprea. L. (*Saule des chèvres, Saule Marceau, Massauge.*)

Commun, — bois, bord des eaux.

Salix aurita. L. (*Saule à oreillettes.*)

Lieux marécageux, bois humides.

Populus alba. L. (*Peuplier blanc, Peuplier de Hollande, Ypréau.*)

Populus tremula. L. (*Peuplier Tremble, Tremble.*)

Bois, jardins paysagers où il est d'un effet agréable par la perpétuelle agitation de ses feuilles qui lui a valu son nom.

Populus pyramidalis R. (*Peuplier pyramidal,* connu vulgairement sous le nom de *Peuplier d'Italie* ou de *Lombardie.*)

On cultive comme ornement d'autres peupliers, notamment le Populus Virginiana. D. (*Peuplier de Virginie.*)

Les peupliers aiment les lieux humides ; ils figurent dans nos plantations d'utilité ou d'agrément.

87e FAMILLE. — PLATANÉES.

Platanus orientalis. L. (*Platane d'Orient, Platane commun.*)

Cultivé ; — c'est le platane qu'on plante sur les promenades (carré des Cordeliers.)

88e FAMILLE. — BÉTULINÉES.

Betula alba. L. (*Bouleau blanc.*)

Dans les bois. — Très-employé pour la fabrication des sabots.

Alnus glutinosa. G; Betula alnus. L. (*Aulne glutineux, Aulne commun, Verne.*)

Très-répandu, aime les lieux humides, bois.

Les vernes sont très-employées pour faire des buissons, des clôtures. On les coupe de très-bonne heure pour fagots, sans attendre qu'elles aient acquis toute leur grosseur. Servent assez bien à retenir les terres sur le bord des rivières, comme les vorges.

Les femmes de campagne se servent de ses feuilles en application sur les mamelles pour faire passer le lait. On les applique aussi sur les plaies, excoriations.

89e FAMILLE. — CONIFÈRES.

Pinus sylvestris. L. (*Pin sylvestre, Pin sauvage, Pin commun.*)

Cultivé pour son feuillage toujours vert; plusieurs variétés. Arbre résineux.

Pinus strobus. L. (*Pin du Lord.*)

Cultivé comme ornement dans quelques jardins.

Abies excelsa. Lamk; Pinus abies. L. (*Sapin élevé, Pin sapin.*)

Cultivé comme ornement.

Larix Europæa. Dc; Abies larix. Lamk; Pinus larix. L. (*Mélèze d'Europe, Sapin mélèze, Pin mélèze, Mélèze.*)

Cultivé comme ornement.

Juniperus communis. L. (*Genévrier commun.*)

Lieux incultes, bord des chemins.

Les baies de genièvre sont stomachiques, apéritives et légèrement diurétiques — en infusions dans les maladies du cœur, les hydropisies, etc. On les emploie aussi en fumigations, dans les affections rhumatismales chroniques, l'œdème. Ses vapeurs servent également à masquer les mauvaises odeurs répandues autour des malades.

Taxus baccata. L. (*If à baies, If.*)

Cultivé, — dans les bosquets, jardins.

Ses feuilles sont réputées malfaisantes et vénéneuses pour les animaux.

MONOCOTYLÉDONES

90e FAMILLE. — ALISMACÉES.

Alisma plantago. L. (*Fluteau plantain d'eau.*)

Fossés, étangs, marécages.

Considéré comme funeste aux bestiaux. On a vanté, mais à tort, la poudre de sa racine comme un remède efficace contre la rage.

Sagittaria sagittæfolia. L. (*Sagittaire à feuilles en fer de flèches.*)

Bord des rivières, fossés.

Alimentaire pour les bestiaux ; les chevaux, les porcs en mangent avec avidité les feuilles.

91e FAMILLE. — BUTOMACÉES.

Butomus umbellatus. L. (*Butome à fleurs en ombelles, Jonc fleuri.*)

Pas ici. — Je l'ai trouvé à Mervans.

92e FAMILLE. — ASPARAGINÉES.

Asparagus officinalis. L. (*Asperge officinale.*)

Cultivée, plante potagère.

Apéritive; diurétique. On emploie la jeune pousse (asperge) ou la racine en infusion que l'on boit aux repas. On fait aussi un sirop de pointes d'asperges très-réputé.

Convallaria maïalis. L. (*Muguet de mai, Muguet.*)

Bois.

Ses fleurs parfumées, céphaliques, agissent sur le système nerveux; aussi n'en doit-on point laisser de gros bouquets dans une chambre fermée.

On emploie parfois les fleurs de muguet comme sternutatoire. On en prise la poudre qui excite l'éternuement et fait couler les larmes.

Polygonatum multiflorum. Desf; Convallaria multiflora. L. (*Polygonate ou Muguet à pédoncules multiflores, grand Sceau de Salomon.*)

Bois.

Les rhizômes de ses racines autrefois employés en médecine comme astringents, vulnéraires sur les contusions et les plaies et pour empêcher le retour des hernies après leur réduction, sont maintenant inusités.

Maianthemum bifolium. Dc ; Convallaria bifolia. L. (*Maianthème* ou *Muguet à deux feuilles.*)

Bois, lieux ombragés.

Paris quadrifolia. L. (*Parisette à quatre feuilles, Raisin de renard, Herbe à Pâris, Etrangle-loup.*)

Bois; en quantité au bois des Greffes.

Inusitée aujourd'hui ; entrait jadis dans la composition des filtres magiques.

93e FAMILLE. — AMARYLLIDÉES.

Narcissus poëticus. L. (*Narcisse des poëtes, Jeannette.*)

Cultivé dans les jardins.

Narcissus pseudo-narcissus. L. (*Narcisse faux-narcisse, Narcisse des prés.*)

Spontané et très-abondant à Cousance, Cuiseaux, pas ici. Il existe à l'état cultivé dans les jardins.

Emétique, vénéneux.

On cultive aussi comme ornement d'autres espèces, le Narcissus jonquilla. L. (*Narcisse jonquille*)... etc,

Galanthus nivalis. L. (*Galanthe des neiges.*)

Cultivée sous le nom de *perce-neige*.

Leucoium vernum. L. (*Nivéole du printemps.*)

Cultivée aussi sous le nom de perce-neige ; très-précoce.

94e FAMILLE. — LILIACÉES.

Tulipa gesneriana. L. (*Tulipe de Gesner, Tulipe des fleuristes.*)

Cultivée dans les jardins, fournit de nombreuses variétés.

Fritillaria meleagris. L. (*Fritillaire pintade ou méléagre, Fritillaire panachée, Fritillaire damier,* appelée ici *Campène.*)

Prairies ; cultivée aussi dans les jardins.

Fritillaria imperialis. L. (*Fritillaire impériale.*)

Cultivée dans les jardins sous le nom de *couronne impériale*.

Lilium candidum. L. (*Lis blanc.*)

A l'état cultivé dans les jardins.

Ses fleurs blanches, emblême de la pureté, ont une odeur suave, mais trop forte, qui est à craindre dans les appartements fermés.

On conserve les pétales des fleurs dans de l'huile, remède populaire pour les maux d'oreille, coupures, brûlures.

Avec les oignons de lis, on fait des cataplasmes émollients et maturatifs.

Lilium martagon. L. (*Lis martagon.*)

On ne le trouve spontané que dans les lieux montueux de Cuiseaux.

Scilla bifolia. L. (*Scille à deux feuilles.*)

Lieux ombragés, clairières des bois; bois des greffes à Châteaurenaud, — abondant.

Hyacynthus orientalis. *L.* (*Jacinthe orientale ou des fleuristes.*)

Etat cultivé, nombreuses variétés.

Muscari comosum. Mill; Hyacinthus comosus. L. (*Muscari à toupet, Jacinthe à toupet.*)

Très-commune dans les champs.

Ornithogalum Pyrenaïcum. L. (*Ornithogale des Pyrénées.*)

Bois, buissons, lieux herbeux et ombragés.

Ornithogalum umbellatum. L. (*Ornithogale en ombelle, Belle d'onze heures, Dame d'onze heures,* parce que ses fleurs ne s'ouvrent que vers onze heures du matin, — fait partie de l'horloge de Flore.)

Champs, lieux cultivés.

Allium cepa. L. (*Ail oignon, Oignon.*)

N'existe qu'à l'état cultivé, — plusieurs variétés.

Aliment et condiment.

Employé aussi en cataplasmes comme topique, émollient et maturatif.

Allium ascalonicum. L. (*Ail échalotte, Echalotte.*)

Cultivé comme condiment dans les jardins potagers.

Allium schœnoprasum. L. (*Ail civette, Civette, Fausse échalotte, Ciboule.*)

Cultivée, — condiment.

Allium vineale. L. (*Ail des vignes, Ail des champs.*)

Commun.

Allium porrum. L. (*Ail poireau, Poireau.*)

Cultivé pour la cuisine dans les jardins potagers.

Allium sativum. L. (*Ail cultivé.*)

Cultivé dans les jardins potagers; — condiment.

Employé dans la médecine domestique; remède très-populaire, panacée.

A l'extérieur, en collier, contre les maladies des enfants, convulsions, vers.

Appliqué sur la peau, le cataplasme de pulpe d'ail est un rubéfiant très-usité. On l'emploie aussi comme antiseptique sur les morsures d'animaux venimeux; comme vermifuge..., en lavements.

A l'intérieur, il est réputé antiscorbutique. C'est aussi un remède populaire contre l'asthme.

Allium ursinum. L. (*Ail des ours.*)

Lieux humides, bois, assez rare.

95e FAMILLE. — COLCHICACÉES.

Colchicum autumnale. L. (*Colchique d'automne, Safran bâtard. Œil de loup, Tue-chien, Veilleuse* ou *Veillote.*)

Très-répandu, — prés, pâturages où il apparaît en automne annonçant l'époque où vont commencer les veillées d'hiver.

Acre et vénéneux, dédaigné par les bestiaux. Les feuilles mêlées au foin perdent leur âcreté par la dessication.

Le colchique est employé en médecine surtout contre la goutte et les maladies arthritiques.

96e FAMILLE. — IRIDÉES.

Iris pseudo acorus. L. (*Iris faux acore, Iris jaune, Iris des marais, Glayeul des marais.*)

Bord des étangs, marais, fossés. C'est le seul iris spontané ici.

On cultive dans les jardins plusieurs espèces d'iris,
L'Iris germanica. L. (*Iris d'Allemagne.*)
Et l'Iris florentina. L. (*Iris de Florence.*)
Employé en médecine.

Gladiolus. L. (*Glayeul.*)
N'existe que dans les jardins où on en cultive de nombreuses variétés.

97e FAMILLE. — ORCHIDÉES.

Orchis maculata. L. (*Orchis tacheté.*)
Prés, bois.

Orchis latifolia. L. (*Orchis à larges feuilles.*)
Prés humides.

Orchis ustulata. L. (*Orchis brûlé.*)
Prés, pâturages, lisières des bois.

Orchis morio. L. (*Orchis bouffon.*)
Prés, pâturages, clairières des bois.

Orchis mascula. L. (*Orchis mâle.*)
Pâturages secs, clairières.

Orchis laxiflora. Lamk. (*Orchis à épi lâche.*)
Prés, lieux humides.

Orchis conopsea. L. (*Orchis à long éperon.*)
Prés, clairières.

Orchis viridis All. (*Orchis verdâtre.*
Bois, prés humides.

Orchis bifolia. L. (*Orchis à deux feuilles.*)
Prés couverts, bois.

Les orchis ont reçu différents noms moins scientifiques, *Satyrion, Scrotum de chien, Patte de loup*. On accordait autrefois à leurs tubercules, probablement à cause de leur forme bizarre, de merveilleuses propriétés aphrodisiaques.

C'est avec ces tubercules des orchis divers qu'on fait le *Salep*, fécule très-employée en bouillies, gelées, chocolat comme aliment léger, facile à digérer, nourrissant et en même temps émollient et adoucissant.

Spiranthes æstivalis. Rich. (*Spiranthe d'été.*)
Prés humides.

Spiranthes autumnalis. Rich. (*Spiranthe d'automne.*)
Lieux incultes..., çà et là.

Neottia ovata. G. (*Néottie à feuilles ovales.*)

Lieux ombragés, humides, bois.

Epipactis palustris. Cr. (*Epipactide des marais.*)

Prés marécageux.

98e FAMILLE. — AROIDÉES.

Arum maculatum. L.; Arum vulgatum. Lam. (*Gouet taché, Gouet commun, Pied de veau.*)

Bois, le long des haies, lieux ombragés et humides.

Plante dont la racine charnue et féculente est âcre, purgative, caustique, vénéneuse quand elle est fraîche, presque inerte quand elle est sèche; inusitée aujourd'hui.

99e FAMILLE. — TYPHACÉES.

Typha latifolia. L. (*Massette à larges feuilles, Masse d'eau, Roseau des étangs, Quenouille.*

Marais, étangs, bord des rivières, — assez commune.

Se remarque par son inflorescence singulière qui sert de jouet aux enfants.

Avec les feuilles, on peut couvrir des toits champêtres, faire des paillassons, rembourer des chaises.

On a employé le duvet laineux de ses fleurs femelles comme une ouate grossière dans des matelats, des oreillers; on l'a appliqué sur des brûlures, des engelures; on a essayé aussi de le feutrer, de le tisser.

Sparganium ramosum. Huds. (*Rubanier rameux, Ruban d'eau.*)

Bord des étangs, des pièces d'eau, des rivières.

100e FAMILLE. — JONCÉES.

Juncus conglomeratus. L ; Juncus communis. Mey. (*Jonc à fleurs agglomérées, Jonc commun.*)

Très-répandu ; fossés, bord des eaux, lieux humides, marécageux.

Juncus effusus. L. (*Jonc à fleurs étalées,* appelé également *Jonc commun.*)

Paraît n'être qu'une variété du précédent,

Juncus glaucus. Ehrh. (*Jonc glauque, Jonc des jardiniers* .

Lieux humides et marécageux.

On peut en faire des liens.

Juncus acutiflorus. Ehrh, ou sylvaticus. Reich. (*Jonc des bois.*)

Lieux marécagex.

Juncus lampocarpus. Ehrh, ou articulatus. L. (*Jonc à fruits luisants, Jonc articulé*)

Juncus uliginosus. Mey, supinus. Mœnch, ou bulbosu L. (*Jonc des marais, Jonc couché, Jonc bulbeux.*)

Juncus compressus. Jacq. (*Jonc à tige comprimée,* appelé également *Jonc bulbeux.*)

Juncus tenageia. L. (*Jonc inondé.*)

Les *joncs* sont des plantes fort peu fourragères; aussi le foin des prés bas et humides qui se trouve mêlé de joncs est-il de mauvaise qualité.

On peut trouver aux joncs quelque utilité. On s'en sert comme liens. Par leurs racines, ils contribuent à exhausser le sol des terrains humides et à empêcher les eaux de dégrader les rives des fossés, cours d'eau.

Luzula pilosa. Wild, ou vernalis. Dc; (*Luzule poilue, Luzule printanière.*)

Lieux ombragés, couverts, bois.

Luzula multiflora. Lej. (*Luzule multiflore.*)

Bois, lieux couverts.

Luzula campestris. Dc; *Luzule des champs.*)

101e FAMILLE. — CYPÉRACÉES.

Cyperus flavescens. L. (*Souchet jaunâtre.*)

Lieux humides et marécageux.

Cyperus fuscus. L. (*Souchet brun.*)

Scirpus sylvaticus. L. (*Scirpe des bois.*)

Prés et bois marécageux, — commun.

Scirpus maritimus. L. (*Scirpe maritime.*)

Bord des eaux, marais, étangs, — très-abondant.

Scirpus triqueter. L. (*Scirpe triangulaire.*)

Bord des eaux, des marais.

Scirpus mucronatus. L. (*Scirpe mucroné.*)

Assez rare. M. Moniez en a trouvé dans une mare de Bruailles.

Scirpus lacustris. L. (*Scirpe des lacs, Jonc des chaisiers.*)

Très-commun, sur le bord des rivières, des étangs.

Très-utilisé ici, sert à rempailler les chaises communes.

Scirpus setaceus. L. (*Scirpe sétacé.*)
Lieux humides.

Scirpus supinus. L. (*Scirpe couché.*)
Etangs de Beaurepaire, etc.

Scirpus fluitans. L. (*Scirpe flotant.*)
Etangs de Bruailles, etc.

Heleocharis palustris. R ; Scirpus palustris. L. *Héléocharis des marais*, connu vulgairement sous le nom de *Jonc des marais.*)
Bord des eaux, marais, — commun.

Heleocharis acicularis. R ; Scirpus acicularis. L. (*Héléccharis épingle, Scirpe épingle.*)
Lieux inondés, bord des étangs, des rivières.

Heleocharis ovatus. R ; Scirpus ovatus. L. (*Héléocharis* ou *Scirpe renflé.*)
Etangs, queues des étangs, lieux fangeux; — peu commun, çà et là.

Eriophorum latifolium. L. (*Linaigrette à larges feuilles.*)
Prés humides, lieux marécageux.

Eriophorum angustifolium. L. (*Linaigrette à feuilles étroites.*)
Variété qui se rapproche de la précédente.

Rhynchospora alba. Vahl. (*Rhynchospore blanc.*)
Marécages.

Carex. L. (*Laiche*), genre nombreux en espèces :

Carex vulpina. L. (*Carex vulpin.*)
Fossés, marais, — très-commun.

Carex muricata. L. (*Carex mariqué.*)
Prés, bois, bord des chemins.

Carex paniculata. L. (*Carex paniculé.*)

Carex Moniezi. Lagr. (*Carex de Moniez.*)
Espèce nouvelle découverte par M. Moniez, professeur à Louhans, sur les bords d'un étang — Bruailles... etc, consacrée comme espèce dans les bulletins de la société botanique de France.

Carex leporina. L. (*Carex des lièvres.*)

Carex stellulata. Good. (*Carex étoilé.*)
Très-commun, lieux marécageux.

Carex remota. Good. (*Carex espacé.*)
Lieux humides des bois.

Carex elongata. L. (*Carex allongé.*)
Lieux marécageux, Branges, etc.

Carex brizoïdes. L. (*Carex ressemblant à la brize.*)
Prés humides, Châteaurenaud, etc.

Carex cyperoïdes. L. (*Carex ressemblant au souchet.*)
Très abondant à l'étang de Chardenoux, étangs autour de Louhans.

Carex disticha. Huds. (*Carex distique.*)
Prés humides.

Carex stricta. Good, ou cœspitosa. L. (*Carex raide* ou *Carex en gazon.*)
Bord des rivières, lieux marécageux.

Carex acuta. L. ou gracilis. Curt. (*Carex aigu* ou *Carex grêle.*)
Lieux marécageux, bord des eaux.

Carex pallescens. L. (*Carex pale.*)
Prairies humides.

Carex flava. L. (*Carex jaune.*)

Carex panicea. L. (*Carex panic.*)

Carex distans. L. (*Carex distant.*)

Carex sylvatica. Huds. (*Carex des bois.*)
Bois, lieux un peu humides.

Carex præcox. Jacq. (*Carex précoce.*)
Pelouses sèches, bois.

Carex pilulifera. L. (*Carex à pilules.*)
Lieux secs, bois.

Carex hirta. L. (*Carex hérissé.*)

Carex glauca. Scop. (*Carex glauque.*)

Carex riparia. C. (*Carex des rives.*)
Lieux marécageux, bord des étangs et des rivières.

Carex vesicaria. L. (*Carex vésiculeux.*)
Lieux marécageux.

Carex ampulacea. Good. (*Carex ampoulé.*)
Lieux marécageux.

Les *Carex* appelés communément *Laiches* sont nombreux. Les meilleures laiches ne sont qu'un fourrage très-médiocre dont la tige triangulaire et les feuilles presque tranchantes endommagent la bouche des animaux. On en emploie parfois comme litières.

102e FAMILLE. — GRAMINÉES.

Zea mays. L. (*Maïs cultivé, Blé de Turquie,* désigné communément ici sous le nom de *turquis.*)

Cultivé, plusieurs variétés.

Alimentaire pour l'homme (en pains, gâteaux ou flammusses, gaudes, millet...) et pour le bétail, fourragère.

Leersia oryzoïdes. Sw; Phalaris oryzoïdes. L. (*Léerzie à fleurs de riz, Phalaris à fleurs de riz.*)

Prés humides, bord des eaux.

Phalaris arundicea. L. (*Phalaris roseau.*)

Terrains humides, bord des eaux.

Anthoxanthum odoratum. L. (*Flouve odorante.*)

Lieux herbeux, prés.

C'est elle surtout qui donne après dessication l'odeur au foin.

Alopecurus geniculatus. L. (*Vulpin genouillé.*)

Lieux humides, aquatiques.

Alopecurus pratensis. L. (*Vulpin des prés.*)

Prairies; bon fourrage, abondant et précoce.

Alopecurus agrestis. L. (*Vulpin des champs.*)

Champs, bord des chemins, lieux secs et sablonneux.

Alopecurus utriculatus. Pers; Phalaris utriculata. L. (*Vulpin à vessies.*)

Lieux humides. On prétend que cette espèce est l'indice d'un bon pré.

Phleum pratense. L. (*Phléole des prés.*)

Prairies, pâturages, fourrage très-tardif. C'est le *Timothy-grass* des Anglais, pour prairies artificielles, d'un très-bon rapport dans les lieux humides.

Phleum nodosum. L. (*Phléole noueuse.*)

Chamagrostis minima. Borkn; Agrostis minima. L; Mibora verna. Beauv; Mibora minima. Coss et Germ. (*Chamagrostis petite, Agrostide petite, Mibora printannier.*)

Champs, terrains secs et sablonneux.

Cynodon dactylon. Pers; Panicum dactylon. L. (*Chiendent digité, Panic chiendent,* appelé vulgairement *Pied de poule* ou *gros chiendent.*)

Lieux incultes, champs cultivés, — un peu partout, ainsi à Louhans, rue de l'hôpital, — envahit les chemins, rues, etc.

Employé aux mêmes usages que le chiendent officinal.

Digitaria sanguinalis. Scop; Panicum sanguinale. L. (*Digitaire sanguine, Panic sanguin.*)

Lieux cultivés.

Digitaria filiformis. Koel; Panicum glabrum. Gaud. (*Digitaire filiforme, Panic glâbre.*)

Lieux secs et sablonneux, champs, moissons.

Digitaria ciliaris. Koeler. (*Digitaire ciliaire.*)

Sables humides.

Panicum crus galli. L. *Panic pied de coq.*)

Lieux cultivés humides, fossés.

Panicum miliaceum. L. *Panic millet, Mil* ou *Millet.*)

Cultivé pour ses grains, — alimentaire.

Panicum viride. L; Setaria viridis. Beauv. (*Panic vert, Sétaire verte.*)

Lieux cultivés, bord des chemins.

Panicum glaucum. L; Setaria glauca. Beauv. (*Panic glauque, Sétaire glauque.*)

Champs sablonneux, moissons, bord des chemins.

Panicum italicum. L; Setaria italica. Beauv. (*Panic d'Italie, Sétaire d'Italie, Panic, Millet à grappes,* appelé plutôt *Millet des oiseaux.*)

Cultivé — pour la nourriture des oiseaux, de la volaille et de l'homme.

Une de ses variétés, le *Moha de Hongrie,* fait une bonne plante fourragère.

Sorghum vulgare. Pers; Holcus sorghum. L. (*Sorgho commun, Houlque Sorgho* appelé vulgairement *Sorgho, gros Millet, Millet d'Inde, Millet d'Afrique* ou plutôt *Millet à balais.*)

Cultivé ; — on en fait des balais.

Agrostis vulgaris. With. (*Agrostide commune.*)

Prés, champs, bord des chemins, — très-commune.

Agrostis alba. L. (*Agrostide blanche, Traînasse, Eternue, Terre nue... etc.*)

Commune.

Agrostis canina. L. (*Agrostide des chiens.*)

Prés et champs humides.

Agrostis spicaventi L. (*Agrostide jouet du vent.*)

Commune, champs sablonneux, moissons.

Calamagrostis epigeios. Roth; Arundo epigeios. L. (*Calamagrostis terrestre, Roseau terrestre.*)

Çà et là, — bois, haies.

Calamagrostis lanceolata. Roth; Arundo calamagrostis. L. (*Calamagrostis lancéolé, Roseau lancéolé.*)

Bois à Bruailles, — très-rare.

Milium effusum. L; Agrostis effusa. Lamk. (*Millet étalé, Agrostide étalée.*)

Bois.

Aira cæspitosa. L. (*Canche gazonnante, Canche en gazon, Canche élevée.*)

Lieux humides, bois.

Aira caryophyllea. L; Avena caryophyllea. Wigg. (*Canche caryophyllée, Avoine caryophyllée.*)

Lieux secs, sablonneux, bord des chemins.

Holcus lanatus. L; Avena lanata. Koel. (*Houlque laineuse, Avoine laineuse.*)

Prés, bois, pâtures.

Holcus mollis. L; Avena mollis. Koel. (*Houlque molle, Avoine molle.*)

Bois, pâturages, prés secs, champs voisins des bois.

Arrhenatherum elatius. Gaud; Avena elatior. L. (*Arrhénathère élevée, Avoine élevée,* appelé vulgairement *Fromental, Ray-grass de France.*)

Lieux, prés un peu humides, haies, On peut la cultiver en prairies, — fourragère, mais de qualité médiocre.

Arrhenatherum bulbosum. Presl ; Avena bulbosa. Wild ou precatoria. Thuil. (*Arrhénathère bulbeuse, Avoine bulbeuse, Avoine à chapelet, Chiendent à chapelet.*)

Champs cultivés, où on s'en débarrasse difficilement.

Danthonia decumbens. Dc; Festuca decumbens. L. (*Danthonie inclinée, Fétuque inclinie.*)

Lieux secs et sablonneux, bois.

Avena sativa. L. (*Avoine cultivée, Avoine commune.*)

Cultivée, plusieurs variétés.

Alimentaire pour les animaux domestiques, surtout pour le cheval ; fourragère, associée à d'autres plantes.

Avec les grains d'avoine décortiqués (gruau), on fait comme avec l'orge des tisanes adoucissantes, émollientes, rafraîchissantes.

Avec ses glumes ou ballot, ou peut garnir des paillasses, des coussins.

Avena pubescens. L. (*Avoine pubescente.*)

Prés, terrains sablonneux, etc.

Avena flavescens. L. (*Avoine jaunâtre, Avoine blonde* ou *petit Fromental.*)

Prés, lieux secs.

Phragmites communis. Trin; Arundo phragmites. L. (*Phragmite commun, Roseau commun, Roseau à balais.*)

Bord des rivières, des étangs, — très-commun.

Sert à faire des balais.

Cynosurus cristatus. L. (*Cynosure à crêtes, Crêtelle, Crêtelle commune.*)

Lieux herbeux et secs, — çà et là.

Festuca cærulea. Dc; Melica cærulea. L. (*Fétuque bleue, Mélique bleue.*)

Bois; prés, lieux humides.

Glyceria airoïdes. R. Aira aquatica. L. (*Glycerie fausse canche, Canche aquatique.*)

Fossés, lieux marécageux.

Glyceria fluitans. R; Festuca fluitans. L; Poa fluitans. Scop. (*Glycerie flottante, Fétuque flottante, Paturin flottant*, appelée aussi *Fétuque penchée, Chiendent flottant, Brouille, Herbe à la manne.*)

Fossés, lieux marécageux, — commune.

Bonne plante fourragère; se sèmerait avec avantage sur les sols couverts d'eau pendant une partie de l'année.

Glyceria aquatica. Wahlb; Glyceria spectabilis. Melk; Poa aquatica. L. (*Glycerie aquatique, Glycerie facile à voir, Paturin aquatique.*)

Lieux marécageux, bord des étangs.

Bonne plante fourragère pour les lieux marécageux; sert aussi par la vigueur de sa végétation à rehausser le fond des marais.

Briza media. L. (*Brize moyenne, Brize commune, Amourette tremblante, Gramen tremblant, Pain d'oiseau.*)

Prés, bois, — commun.

Très-jolie graminée dont les panicules tremblant au moindre vent sont connus sous le nom d'*amourettes tremblantes.*

Poa annua. L. (*Paturin annuel.*)

Une des plus communes parmi les graminées spontanées, — prés, bord des chemins, lieux cultivés.

Poa nemoralis. L. (*Paturin des bois.*)

Bois secs, — commun.

Poa compressa. L. (*Paturin comprimé.*)

Lieux secs, décombres, murs.

Poa trivialis. L. (*Paturin commun.*)

Lieux herbeux et humides, bord des chemins, bonnes prairies.

Poa pratensis. L. (*Paturin des prés.*)

Commun, — lieux herbeux, bord des chemins, prés.

Dactylis glomerata. L. (*Dactyle aggloméré* ou *pelotonné.*)

Commun, — lieux herbeux, prés, bois, bord des chemins, etc.

On l'emploie avec avantage pour former des gazons dans les jardins à cause de sa croissance rapide.

Bromus sterilis, L. (*Brome stérile.*)

Haies, champs, lieux incultes.

Bromus secalinus. L. (*Brome faux seigle, Brome seiglin.*)
Moissons, champs, — commun.

Bromus mollis. L. (*Brome mou* ou *mollet.*)
Prés, bord des chemins, — commun.

Bromus arvensis L. (*Brome des champs.*)

Bromus asper. L. (*Brome âpre.*)
Lieux incultes, ombragés, bois, etc.

Bromus giganteus. L; Festuca gigantea. Vill. (*Brome géant, Fétuque géante.*)
Lieux ombragés, bois, buissons.

Bromus Schraderi. Kunth. (*Brome de Schrader.*)
Cultivé, — plante fourragère dont la culture s'était introduite ici comme partout, il y a une vingtaine d'années, avec engouement; on en est revenu aujourd'hui, sa culture est presque abandonnée.
Les bromes en général ne sont pas ce qu'il y a de mieux pour la nourriture des bestiaux.

Festuca tenuifolia. Sibth. (*Fétuque à petites fleurs.*)
Lieux incultes, sablonneux, — commun.

Festuca pratensis. Huds; Festuca elatior. L. (*Fétuque des prés, Fétuque élevée.*)
Pâturages, prairies humides.

Festuca arundinacea. Schreb. (*Fétuque roseau.*)
Prairies basses et humides.

Espèce voisine de la précédente et décrite comme elle sous le nom de *Fétuque élevée* (Festuca elatior. Smith.)

Les fétuques sont en général assez répandues et font du bon foin.

Brachypodium sylvaticum. Beauv; Festuca sylvatica. Huds; Triticum sylvaticum. Mœnch; Bromus sylvaticus. Poll. (*Brachypode, Fétuque, Froment* ou *Brome des bois.*)

Bois.

Brachypodium pinnatum. B... (*Brachypode, Fétuque, Froment* ou *Brome penné.*)

Lieux arides, bois, buissons.

Lolium perenne. L. (*Ivraie vivace.*)

Prés, pâturages, bord des chemins, lieux incultes et herbeux.

C'est le *ray-grass, ray-grass d'Angleterre* qu'on tend à introduire comme culture fourragère, — fortement préconisée, produit abondamment dans les lieux bas et humides.

Lolium multiflorum. Lamk (*Ivraie multiflore.*)

Champs, bord des champs; bien mangée des bestiaux.

Bonne ainsi que la précédente pour former des gazons Ces ivraies, en effet, paraissent végéter d'autant plus qu'elle sont plus broutées et piétinées.

Lolium rigidum. Gaud. (*Ivraie raide.*)

Lolium temulentum. L. (*Ivraie énivrante.*)

Champs cultivés, moissons.

C'est le *leu,* expression vulgaire. Ses grains se mêlent ceux du blé, du seigle, de l'orge, de l'avoine. C'est la seul graminée qui possède des propriétés malfaisantes.

Lolium arvense. With. (*Ivraie des champs.*)

Moissons, — peu commun.

Gaudinia fragilis. Beauv; Avena fragilis. L. (*Gaudinie fragile, Avoine fragile.*)

Lieux incultes, bord des champs, chemins.

Secale cereale. L. (*Seigle cultivé.*)

Cultivé; — moins exigeant que le blé pour la qualité du sol. On les sème quelquefois mélangés en parties égales (*Méteil.*)

Alimentaire; le pain de seigle est plus gris, plus ductile et plus lourd que le pain de froment, mais se dessèche plus lentement.

Le seigle est aussi employé comme fourrage vert.

C'est avec sa paille plus longue, plus résistante et plus droite que la paille de blé que l'on couvre les maisons de paille.

Hordeum murinum. L. (*Orge queue de rat, Orge queue de souris.*)

Lieux incultes, pied des murs, bord des champs, chemins.

Hordeum pratense. Huds; Hordeum secalinum Schreb. (*Orge des prés, Orge faux seigle.*)

Prés, lieux herbeux.

Hordeum vulgare. L. (*Orge commune.*)

Cultivé pour la nourriture de l'homme et des animaux.

Son pain ne vaut pas même le pain de seigle, il est gris, lourd, grossier, d'où le dicton « grossier comme du pain d'orge. » On mange ici beaucoup de potages au lait faits avec l'orge.

En médecine, on emploie surtout l'orge mondé et perlé pour des tisanes adoucissantes et rafraîchissantes.

Hordeum distichon. L. (*Orge à deux rangs*).

Cultivée sous le nom d'*orge plate*.

Triticum repens. L. (*Froment rampant.*)

Très-abondant, — bord des chemins, lieux incultes, champs.

Sa racine ou souche constitue le *chiendent ordinaire* ou *chiendent des boutiques*, très-employé, surtout associé à la réglisse, pour tisane rafraîchissante, délayante, diurétique, antiphlogistique.

Triticum caninum. Schreb; Triticum sepium. Lamk. (*Froment des chiens, Froment des haies.*)

Haies, buissons.

Triticum sativum. Lamk. (*Froment cultivé, Blé.*)

Cultivé en grand; — la plus importante des céréales, nomb eu es variétés.

L'usage du pain de froment autrefois assez limité dans nos campagnes, s'y généralise heureusement de plus en plus.

Les sachets de son grillé y sont très-employés comme moyen de caléfaction.

Nardus stricta. L. (*Nard raide.*)

Plante dure, assez mauvaise. Le bétail le plus souvent la dédaigne.

103e FAMILLE. — POTAMÉES.

Potamojeton natans. L. (*Potamot nageant.*)

Eaux tranquilles, fossés, mares, étangs.

Potamojeton densus. L. (*Potamot à feuilles rapprochées.*)

Potamojeton lucens. L. (*Potamot luisant.*)

Potamojeton perfoliatus. L. (*Potamot perfolié.*)

Potamojeton crispus. L. (*Potamot à feuilles crispées.*)

Potamojeton tuberculatus. Ten, ou trichoïdes. (*Potamot à fruits tuberculeux.*)

Assez rare, marc à Châteaurenaud.

Potamojeton pusillus. L. (*Potamot fluet.*)

Les Potamots connus vulgairement sous le nom d'*Epis d'eau*, habitent les eaux stagnantes et courantes d'où elles s'élèvent sous forme de petites fleurs ou épis verdâtre, et où parfois ils se multiplient avec tant d'intensité qu'on pourrait les faucher pour les enlever avec des rateaux et les convertir en engrais.

Zanichellia palustris. L. (*Zanichellie des marais.*)

104e FAMILLE. — NAYADÉES.

Nayas major. Roth. ou fluviatilis. Lamk. (*Nayade majeure, Nayade des fleuves, Nayade commune.*)

Eaux stagnantes et courantes.

Nayas minor. All; Caulinia fragilis. Wild. (*Nayade fluette, Caulinie fragile.*)

Eaux stagnantes et courantes, rivières, la Seille,

105e FAMILLE. — LEMNACÉES.

Lemna trisulca. L. (*Lenticule à trois lobes, Lentille d'eau.*)

Mares, fossés, étangs, à la surface des eaux tranquilles.

On pense que ces petites plantes qui se développent à la surface des eaux stagnantes les assainissent en dégageant de l'oxygène.

ACOTYLÉDONES OU CRYPTOGAMES

106e FAMILLE. — FOUGÈRES.

Polypodium vulgare. L. (*Polypode commun, Polypode de chêne.*)

Vieux murs, vieux arbres.

Réputé expectorant, diurétique, antigoutteux; inusité aujourd'hui.

Pteris aquilina. L. (*Ptéris aigle impérial, Fougère, Fougère commune* ou *grande Fougère.*)

Bois, lisière des bois; la plus commune des fougères.

On en fait, ainsi qu'avec les autres fougères, des paillasses sur lesquelles on fait coucher les enfants scrofuleux, rachitiques.

On l'utilise parfois pour litières.

Blechnum spicant. L.

Rare; bois de Chatillon à Sainte-Croix...

Asplenium adianthum nigrum. L. (*Doradille noire, Capillaire noir.*)

Haies des terrains sablonneux, Branges, çà et là.

Asplenium ruta muraria. L. (*Doradille des murs* ou *Rue de muraille, Sauve-vie.*)

Longtemps regardée comme panacée; elle est pectorale mais à un faible degré.

Asplenium trichomanes. L. (*Doradille Polytric, faux Capillaire*, connu vulgairement sous le nom de *Capillaire.*)

Murs, haies ; — très commun.

Ces *Doradilles* ou *Capillaires* sont considérées comme adoucissants, béchiques, et sont employées en infusions contre les rhumes et les affections catarrhales.

Avec elle, on falsifie le vrai capillaire (du Canada...)

Athyrium filix fœmina. Roth ; Aspidium filix fœmina. Sw. (*Fougère femelle.*)

Bois, lieux ombragés et humides ; — commun.

Nephrodium filix mas. Rich ; Aspidium filix mas. Sw. (*Fougère mâle.*)

Lieux ombragés, bois, buissons ; — commun.

Vermifuge très-utile contre le ver solitaire.

On emploie assez fréquemment la fougère mâle pour en faire des sommiers sur lesquels on couche les enfants faibles et rachitiques ou ceux qu'on veut préserver des affections vermineuses.

Nephrodium aculeatum. C. et G ; Polystichum aculeatum ; Aspidium aculeatum. Sw.

Bois, lieux ombragés, humides.

Polystichum oreopteris. Dc.

Sainte-Croix, bois de Chatillon.

Polystichum spinulosum. Dc.

Montrêt.

Polystichum thelipteris. R.

Polystichum dilatatum. Dc.

Osmunda regalis. L. (*Osmonde royale, Fougère royale, Fougère fleurie.*)

Très-belle ; assez rare, — Branges.

Ophioglossum vulgatum. L. (*Ophioglosse commune,* appelée encore *lance du Christ, langue de serpent,* à cause de sa forme et de son épi aigu, désignée plus communément par les gens de campagne sous le nom d'*Herbe sans couture,* à cause de ses feuilles sans nervures.)

Cette plante assez singulière vient dans les prés humides, marécageux.

Astringente, vantée comme vulnéraire et contre la morsure des serpents venimeux ; employée aussi contre les angines ; — sans vertu bien active.

107e FAMILLE. — EQUISETACÉES.

Equisetum arvense. L. (*Prêle des champs,* appelée vulgairement *Queue de rat.*)

Très-commune, — champs humides qu'elle envahit parfois d'une façon néfaste pour l'agriculture.

Equisetum telmateya. Ehrh, ou eburneum. Roth. (*Prêle des marécages.*)

Lieux marécageux, bord des eaux.

Equisetum palustre. L. (*Prêle des marais*, appelée encore *Queue de cheval.*)

Marais, fossés, prés, lieux marécageux.

Equisetum limosum. L. (*Prêle des fanges.*)

Lieux fangeux, queues des étangs.

Les *prêles* sont astringentes, toniques, diurétiques ; on a pu les employer en tisane contre la fièvre, les hydropisies, la diarrhée.

108e FAMILLE. — LYCOPODIACÉES.

Lycopodium inondatum. L. (*Lycopode inondé.*)

Branges, Sagy, — çà et là.

C'est la poussière d'un lycopode qu'on emploie surtout pour guérir les gerçures qui se forment chez les enfants aux plis des articulations.

109e FAMILLE. — MARSILÉACÉES.

Marsilea quadrifolia. L. (*Marsilée à quatre feuilles.*)

Plante aquatique, — Branges, étang du Champ, — rare.

Pilularia globulifera. L. (*Pilulaire à globules.*)

Etangs de Chardenoux, — rare.

Nous citerons encore pour terminer la flore de la localité et simplement comme mémoire les classes suivantes qui appartiennent encore aux groupes des végétaux cryptogames :

MOUSSES

Espèces nombreuses, — surtout dans les lieux humides.

HÉPATIQUES.

Plantes intermédiaires entre les mousses et les lichens. — Lieux humides, bord des eaux, écorce des arbres.

LICHENS

Sur l'écorce des arbres, les pierres, le sol.

ALGUES

Conferves, — couvrant la surface des marais.

Et enfin la grande classe des **Champignons** dont les espèces sont si nombreuses, — qui à elle seule constituerait une étude des plus importantes, — et dont le catalogue complet restera longtemps encore à dresser.

Je ne puis signaler ici que ce qui est utile, indispensable à connaître et énumérer des espèces qu'il est facile de distinguer, travail élémentaire qui pourra servir de guide à nos lecteurs pour les déductions pratiques qu'ils voudront en tirer.

CHAMPIGNONS

Dans cette grande classe figurent en premier ordre les champignons proprement dits :

Agaricus. L. (*Agaric*), genre très-nombreux dont la principale espèce comestible est :

l'Agaricus campestris. L. (*Agaric champêtre,* qu'on appelle ici improprement *Mousseron.*)

Venant spontanément dans les prés et qu'on obtient aussi par la culture (*champignon de couche.*)

L'agaric champêtre est le seul agaric qu'on recherche ici comme comestible.

Agaricus albellus. Dc. (*Agaric mousseron.*)

Assez rare ici, on ne le récolte pas.

Comestible.

Agaricus procerus. P. (*Agaric élevé, Coulemelle.*)

Comestible ; assez rare, — personne ici n'en ramasse.

Quant aux *agarics vénéneux* ou tout au moins suspects, leurs espèces sont encore assez nombreuses, surtout dans les bois, et engagent à beaucoup de réserve dans la récolte des champignons réputés comestibles.

Il y a des agarics à sucs laiteux, les lactaires, très-abondants dans les bois, notamment le lactarius piperatus. L. ou acris. Bull. (*lactaire âcre* ou *poivré*), très-commun. Il perd par la cuisson son âcreté corrosive et on le mange, paraît-il, en certains pays. Ici nous jugeons plus prudent de le maintenir encore au rang des suspects, jusqu'à essais plus probants.

D'autres lactaires sont vénéneux, ainsi l'agaricus pyrogalus. Bull. (*Agaric caustique*), etc. .

Amanita. Fries. (*Amanite*). L'espèce principale, Amanita aurantiaca. Pers. (*Amanite oronge,* connue sous le nom d'*Oronge)* assez rare ici, que j'ai trouvée toutefois très-abondamment dans les bois de Bruailles, vers les étangs de Chardenoux. C'est un champignon délicieux, *cibus Deorum*, vanté à l'instar de la truffe et comme la plupart des champignons du reste, comme aphrodisiaque et stimulant général de l'organisme.

Parmi les *amanites vénéneuses*, nous trouvons surtout ici : l'Amanita muscaria. Pers. (*Amanite fausse oronge, fausse Oronge; Champignon rouge.)*

Abondant dans les bois, très-vénéneux.

Et l'Amanita bulbosa ou phalloïdes. Fr; Agaricus bulbosus. B. (*Amanite bulbeuse.*)

Dans les bois, en automne; — très-vénéneuse, quoique souvent entamée par les limaces, et que des imprudents ont pu confondre avec des champignons comestibles, même avec le champignon commun, agaric champêtre ou champignon de couche ou cultivé.

Boletus. L. (*Bolet*). Les *Bolets* sont très-répandus dans les bois, lieux couverts.

Nous mangeons et récoltons en assez grande abondance le *Bolet comestible*, plus connu sous le nom de *Cèpe* (Boletus edulis. Bull) qui atteint de grandes dimensions et est délicieux;

Le *Bolet* ou *Cèpe bronzé, Cèpe gendarme*, (boletus aerus. Bull.)

Et le *Bolet rude* (Boletus asper. Pers.) à pilier plus grêle.

On doit rejeter comme dangereux le ***Bolet bleuissant*** (Boletus cyanescens. Bull) assez commun.

Et le *Bolet livide* (Boletus luridus. Sch.)

Cautharellus. Ad. (*Chanterelle*), genre dont nous ne voyons qu'une seule espèce, la *Chanterelle comestible*, connue ici vulgairement sous le nom de *Chanterelle*, mais qu'en certains pays on appelle *Oreille de lièvre, Chevrette, Galinasse, Manne terrestre* (Cautharellus cibarius. Fries; Agaricus Cautharellus. L.) C'est un bon champignon, qu'on a tort de dédaigner, très-abondant en été dans les bois ; et en le récoltant, grâce à sa couleur jaune chamois, son pilier plein s'élargissant en un chapeau sinueux, ses bords découpés, il n'est guère possible de se tromper.

Comme champignons de moindre importance, mais que nous trouvons ici, citons encore les espèces suivantes :

Clavaria coralloïdes. L. (*Clavaire coralloïde*) espèce comestible très-rare. Nous en avons vu surtout dans les bois, du côté de Varennes.

Polyporus. M. (*Polypore*), diverses espèces se rapprochant de celle qu'on emploie à la fabrication de l'amadou.

P. Versicolor. (*Polypore à couleurs variées*)
Sur le bois.

Dædalea quercina. Pers. (*Dédalée du chêne.*)
Espèce d'amadouvier vivant sur les troncs d'arbre.

Coprinus. Link. (*Coprin.*)
Champignons frêles et de peu de durée qui croissent sur les fumiers.
Sans usages, suspects.

Merulius lacrymans. Dc. (*Mérule pleureur.*)
Sur les planchers, le bois humide.

Helvella elastica. Pers. (*Helvelle élastique.*)
Sans importance.

Peziza epidendra. D. (*Pezize.*)
Champignon de petite taille, — parasite sans usage.

Lycoperdon. Mich. (*Vesses de lonp.*)
Très-répandues, faciles à reconnaître; plusieurs espèces, notamment le lycoperdon pratense (*Vesse de loup des prés.*)
Sans usages.

On range encore dans l'ordre des champignons :
Celui qui produit l'*ergot de seigle* (Sclerotium clavus. Dc.)
Employé en médecine.

Ceux qui constituent les *Moisissures* (Mucor. Link.)

Diverses *mucedinées* parasites :
le botrytis infestans qui détermine la maladie de la pomme de terre ;

l'oïdium tuckerii. Berk. (*Oïdium de la vigne.*)

Et enfin parmi les *urédinées :*
les puccinia. Link. qui produisent la *rouille* des céréales ;

les tilletia. Tul. qui produisent la *carie,*

et l'ustilago, dit (*Charbon*), notamment l'ustilago segetum. Cord ; uredo carbo. Tul. (*Charbon des moissons*), et l'ustilago maydis. Cord. (*Charbon du maïs.*)
Très-commun.

FIN.

INDICATION

sous forme de

TABLE ALPHABÉTIQUE

Des Familles, des Genres et des Noms français et vulgaires

DES PLANTES OBSERVÉES AUX ENVIRONS DE LOUHANS

B

D

S

Louhans, impr. A. Romand.

www.ingramcontent.com/pod-product-compliance
Ingram Content Group UK Ltd.
Pitfield, Milton Keynes, MK11 3LW, UK
UKHW022106190726
13855UKWH00002B/685